Catherine Lavazec

Carboxypeptidases d'Anophèle et développement de Plasmodium falciparum

Catherine Lavazec

Carboxypeptidases d'Anophèle et développement de Plasmodium falciparum

Les carboxypeptidases d'Anopheles gambiae impliquées dans le développement de Plasmodium falciparum

Presses Académiques Francophones

Mentions légales / Imprint (applicable pour l'Allemagne seulement / only for Germany)
Information bibliographique publiée par la Deutsche Nationalbibliothek: La Deutsche Nationalbibliothek inscrit cette publication à la Deutsche Nationalbibliografie; des données bibliographiques détaillées sont disponibles sur internet à l'adresse http://dnb.d-nb.de.

Photo de la couverture: www.ingimage.com

Editeur: Presses Académiques Francophones est une marque déposée de Südwestdeutscher Verlag für Hochschulschriften GmbH & Co. KG
Heinrich-Böcking-Str. 6-8, 66121 Sarrebruck, Allemagne
Téléphone +49 681 37 20 271-1, Fax +49 681 37 20 271-0
Email: info@presses-academiques.com

Produit en Allemagne:
Schaltungsdienst Lange o.H.G., Berlin
Books on Demand GmbH, Norderstedt
Reha GmbH, Saarbrücken
Amazon Distribution GmbH, Leipzig
ISBN: 978-3-8381-7044-2

Imprint (only for USA, GB)
Bibliographic information published by the Deutsche Nationalbibliothek: The Deutsche Nationalbibliothek lists this publication in the Deutsche Nationalbibliografie; detailed bibliographic data are available in the Internet at http://dnb.d-nb.de.

Cover image: www.ingimage.com

Publisher: Presses Académiques Francophones is an imprint of the publishing house Südwestdeutscher Verlag für Hochschulschriften GmbH & Co. KG
Heinrich-Böcking-Str. 6-8, 66121 Saarbrücken, Germany
Phone +49 681 37 20 271-1, Fax +49 681 37 20 271-0
Email: info@presses-academiques.com

Printed in the U.S.A.
Printed in the U.K. by (see last page)
ISBN: 978-3-8381-7044-2

Remerciements

Cette thèse représente quatre ans de ma vie et fut une aventure riche en enseignements. Je voudrais remercier toutes les personnes qui, par leur aide, leur soutien, leurs conseils, leur patience ou leur confiance, m'ont accompagnée au cours de ces années et m'ont permis de mener ce travail à terme dans les meilleures conditions.

Un grand merci...

A Jacob Koella, Kenneth Vernick, Elena Levashina, Peter David et François Rodhain de m'avoir fait l'honneur d'accepter de juger ce travail.

A François Rodhain pour m'avoir accueillie à l'Institut Pasteur dans l'Unité d'Écologie des Systèmes Vectoriels, pour m'avoir communiqué sa passion pour l'étude des vecteurs et des parasites lors du cours d'Écologie des Systèmes Parasitaires, ainsi que pour m'avoir permis de m'initier aux missions de terrain à Madagascar.

A Catherine Bourgouin pour avoir guidé mes premiers pas dans le monde de la Recherche et pour m'avoir confié ce projet passionnant.

A Robert Ménard pour m'avoir accueillie dans l'Unité de Biologie et Génétique du Paludisme et pour avoir porté son attention bienveillante sur mon projet de recherche.

A François Lacoste pour m'avoir apporté sa confiance et son soutien financier qui m'ont permis de réaliser ma thèse dans les meilleures conditions.

A Sarah Bonnet, qui a initié ce projet au cours de sa thèse et qui a toujours été présente au cours de ces années. Merci pour son aide de tous les jours, scientifique ou non, et surtout pour notre amitié.

A Bertrand Boisson pour sa générosité et sa patience. Ses conseils et son aide m'ont été très précieux et je garderai un très bon souvenir de toutes nos pauses clopes passées à "parler science".

A tous les membres de l'Unité de Biologie et Génétique du Paludisme, pour avoir fait régner au 1er étage du bâtiment Nicolle une ambiance de travail très agréable mêlée d'humour et de solidarité. Je remercie particulièrement Jean-Claude, ma nounoute préférée, Isabelle et Rachida pour tous nos "papotages" dans le bureau et Sabine pour ses excellents goûts musicaux, politiques et culinaires.

A Christian Boudin et à toute son équipe de l'IRD pour notre fructueuse collaboration ainsi que pour leur accueil chaleureux à Dakar. Les discussions matinales dans le 4x4 avec Christian resteront un grand souvenir de ma thèse.

A Geneviève Milon, Catherine Rougeot, Emmanuel Bischoff, Sarah Bonnet, Bertrand Boisson et Jean-Christophe Barale pour avoir eu la gentillesse de lire ce manuscrit et de m'avoir fait part de leurs conseils et critiques constructives. Grâce à vous, j'ai presque l'impression d'avoir écrit un best-seller!

A tous mes amis de la Drink-Team pour tous les bons moments passés ensembles, des pots pasteuriens improbables dans des endroits qui ne le sont pas moins aux réunions de labo improvisées chez Yaya, en passant par tous les fous rires et les confessions intimes... Steph, Nath, JC, Manu, Sarah, Yvon, Laurence, Maï et Mam'Rougeot, je vous garde tous dans mon cœur.

A ma famille et mes amis pour leur soutien et leurs encouragements, ainsi que pour m'avoir crue sur parole lorsque je leur disais qu'un intestin de moustique pouvait être passionnant!

A vous tous, merci pour tous ces beaux souvenirs...

Sommaire

Table des Matières

Résultats 44

Préambule :

Sélection d'un gène d'*Anopheles gambiae* dont l'expression est régulée par la présence
de *Plasmodium falciparum* 44

Table des Illustrations

Liste des Abréviations

ADC : Arginine DéCarboxylase

ADN : Acide DésoxyriboNucléique

ADNc : Acide RiboNucléique complémentaire

AGAT/GMT : Arginine-Glycine AminoTransférase / Guanidinoacétate N-MéthylTransférase

ARN : Acide RiboNucléique

ARNm : Acide RiboNucléique messager

ATP : Adénosine TriPhosphate

ATPase : ATP synthase

CP : CarboxyPeptidase

CSP : CircumSporozoïte Protein

CTRP : Circumsporozoïte protein and Thrombospondin-related adhesive proteinRelated Protein

DDT : Dichloro-Diphenyl-Trichloro ethane

DFMO : D,L-α-DiFluoroMéthylOrnithine

ELISA : Enzyme Linked Immunosorbent Assay

GEMSA : GuanidinoEthyl-MercaptoSuccinic Acid

GILT : Gamma -interferon-Inducible Lysosomal Thiol reductase

GmZcp : Glossina morsitans Zinc carboxypeptidase

GNBP : Gram Negative Binding Protein

GST : Gluthatione-S-Transferase

KDa : kilo Dalton

LRIM : Leucine Rich-repeat Immune Gene

MC-CPA : Mast Cell - CarboxyPeptidase A

MGTA : 2-Mercaptomethyl-3-Guanidinoethyl Thiopropanoic Acid

NO : monoxyde d'azote (Nitric Oxide)

NOS : Nitric Oxide Synthase

OAT : Ornithine AminoTransférase

ODC : Ornithine DéCarboxylase

P5C : Pyrroline-5-Carboxylate

PfCHT1 : *Plasmodium falciparum* Chitinase 1

PGRP : PeptidoGlycan Recognition Protein

PM : Poids Moléculaire

PPO : ProPhénolOxydase

pb : paires de bases

PxSR : *Plasmodium* Scavengeor Receptor-like protein

QTL : Quantative Trait Loci

RACE : Rapid Amplification of cDNA Ends

RNAi : RNA interference (interférence à ARN)

RT-PCR : Reverse Transcription-Polymerase Chain Reaction

SDS : Sodium Dodecyl Sulfate

SDS-PAGE : SDS PolyAcrylamid Gel Electrophoresis

SM1 : Salivary gland and Midgut binding peptide 1

SOAP : Secreted Ookinete Adhesive Protein

TAFI : Thrombin Activatable Carboxypeptidase Activity

TBV : Transmission Blocking Vaccine

TEP-1 : Thio Ester Protein 1

TOR : Target Of Rapamycin

TRAP : Thrombospondin-related adhesive protein-Related Protein

WARP : von Willebrand factor A domain-Related Protein

Résumé

L'identification et la caractérisation de molécules d'*Anopheles* intervenant dans le développement sporogonique de *Plasmodium* pourraient permettre de proposer de nouvelles cibles de blocage de la transmission du parasite responsable du paludisme. Dans cette optique, nous nous sommes intéressés à un gène d'*An. gambiae* (*cpbAg1*) sélectionné sur la base de sa régulation en présence de *P. falciparum* dans le repas de sang de l'insecte. L'analyse biochimique de la protéine recombinante produite en baculovirus a démontré que CPBAg1 exerce une activité carboxypeptidase B, qui consiste à libérer les résidus arginine et lysine en position carboxy-terminale des protéines. Les données issues du séquençage du génome *d'An. gambiae* suggèrent que *cpbAg1* fait partie d'une famille de gènes codant pour 23 carboxypeptidases, parmi lesquels nous avons montré que seulement deux codant pour des carboxypeptidases B (*cpbAg1* et *cpbAg2*) sont exprimés dans le tube digestif de l'insecte et sont régulés par la prise d'un repas de sang. Nos travaux ont également démontré que la présence de gamétocytes de *P. falciparum* dans le bol alimentaire du moustique provoque une surexpression de ces deux gènes ainsi qu'une augmentation de l'activité carboxypeptidase B. De plus, l'ajout d'anticorps dirigés contre CPBAg1 dans un repas infectant inhibe le développement sporogonique du parasite, alors que l'ajout de substrats ou de produits de la réaction enzymatique provoque une augmentation de la prévalence d'infection des moustiques. Ces résultats suggèrent que l'activité carboxypeptidase B d'*An. gambiae*, en libérant de l'arginine dans le tube digestif de l'insecte, facilite le développement du parasite. Des essais de vaccination de souris avec la protéine CPBAg1 ont montré que cette protéine pourrait constituer une nouvelle cible vaccinale pour le développer un vaccin anti-transmission basé sur un antigène caractérisé de moustique.

Abstract

The identification and characterization of *Anopheles* molecules which are involved in the sporogonic development of *Plasmodium* would help in developing new malaria control strategies. We have selected one *An. gambiae* gene (*cpbAg1*) whose expression in the midgut is regulated upon ingestion of *P. falciparum*. Expression of *cpbAg1* in baculovirus gives rise to an active carboxypeptidase B which removes arginine and lysine residues from the C-terminus of proteins. Annotation of the *An. gambiae* genome predicts 23 sequences coding for zinc-carboxypeptidases of which only two predicted carboxypeptidase B genes (*cpbAg1* and *cpbAg2)* are expressed in the mosquito midgut and regulated upon blood feeding. We show that ingestion of *P. falciparum* gametocytes specifically upregulates *cpbAg1* and *cpbAg2* expression and modifies carboxypeptidase B activity in the *An. gambiae* midgut. In addition, anti-CPBAg1 antibodies inhibit the development of *P. falciparum* in the midgut, whereas addition of carboxypeptidase B substrates or products to *P. falciparum*-containing blood increases the proportion of infected mosquitoes. These data suggest that the arginine-releasing activity of carboxypeptidase B facilitates the successful development of *P. falciparum* within *An. gambiae* midgut. Vaccination assays on mice suggest that CPBAg1 might constitute a novel target for a *Plasmodium* transmission blocking vaccine, which would be the first vaccine based on a mosquito antigen.

Introduction

A l'image de l'histoire d'Alice et de la Reine rouge, empruntée au roman de Lewis Carroll par l'évolutionniste Leigh Van Valen, les relations existant entre un parasite et son hôte sont le reflet d'une longue coadaptation entre les deux organismes : ceux-ci évoluent en effet de façon parallèle en produisant sans cesse des changements adaptatifs de plus en plus élaborés pour mettre en place une interaction durable. Les relations entre le parasite responsable du paludisme, *Plasmodium*, et son hôte définitif, le moustique *Anopheles*, ne font pas exception à la règle. Dans le cadre d'une véritable "course aux armements", *Plasmodium* a en effet élaboré différentes stratégies adaptatives pour se développer chez son hôte, en déjouant les mécanismes d'élimination mis en place par *Anopheles* ou en utilisant des molécules du moustique susceptibles de faciliter son développement. En parallèle à l'intérêt scientifique qu'apporte l'étude de la complexité d'une telle interaction, il est nécessaire et urgent d'élucider les mécanismes moléculaires qui la gouvernent afin de pouvoir proposer de nouveaux moyens de lutte contre le paludisme, qui demeure l'un des principaux problèmes de santé publique de la planète. L'efficacité des méthodes actuelles de lutte anti-paludique étant discutable, de nouvelles voies de recherche s'imposent pour enrayer cette maladie. Depuis quelques années, plusieurs équipes de recherche élaborent de nouvelles stratégies visant à contrôler la transmission du parasite via le blocage de son développement chez l'anophèle. Dans cette optique, le travail présenté dans ce mémoire de thèse tente d'analyser un des maillons de l'interaction entre le parasite *Plasmodium falciparum* et son vecteur *Anopheles gambiae*, dans le but de proposer une nouvelle cible de blocage de la transmission de *Plasmodium*.

I. Le paludisme : un génocide à l'échelle mondiale

A. Une situation alarmante

Le paludisme est une maladie parasitaire due à un protozoaire du genre *Plasmodium* qui est transmis à l'Homme à l'occasion d'une piqûre de moustique du genre *Anopheles*. Bien qu'étant une des maladies les plus anciennement connues (elle est mentionnée dans des écrits Egyptiens et Chinois datant de l'Antiquité), le paludisme demeure à ce jour la maladie parasitaire la plus répandue et la plus meurtrière du globe. *Plasmodium* est responsable, chaque année, de plus de 300 millions de cas de maladie aiguë et d'au moins un million de décès (OMS 2002). Actuellement, environ 40% de la population mondiale est exposée au risque de cette maladie, principalement dans les régions tropicales et subtropicales (Figure 1). Jadis plus répandu sur le globe, le paludisme a été éliminé dans de nombreux pays tempérés au cours du vingtième siècle. Il est aujourd'hui restreint aux pays pauvres de la planète, dans lesquels il demeure un problème majeur de santé publique. En Afrique, le paludisme tue un enfant toutes les trente secondes et représente un coût annuel de 12 milliards de dollars (Breman et al., 2004). On peut donc considérer cette maladie à la fois comme une cause et comme une conséquence de la pauvreté.

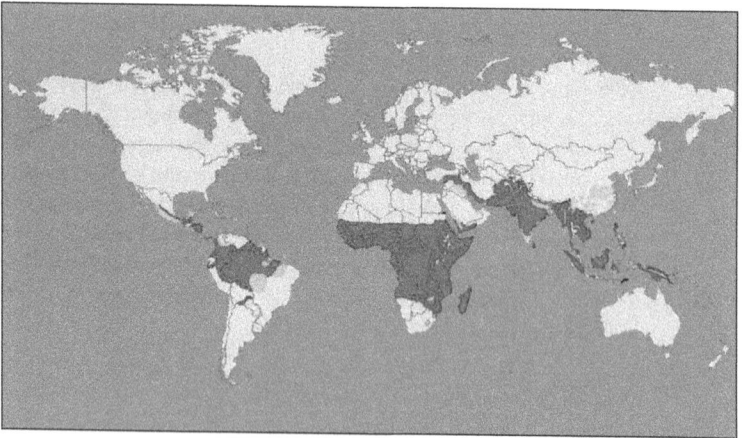

Figure 1 : Répartition mondiale du paludisme en 2002 (OMS)
En rouge : zones de transmission de *Plasmodium*, en orange : zones à risque limité, en gris : zones où le paludisme a été éradiqué ou n'a jamais sévi.

Les moyens de lutte dont on dispose aujourd'hui contre cette maladie sont sérieusement menacés. En effet, des cas de résistance du parasite vis-à-vis des molécules antipaludiques de première ligne (chloroquine, sulfadoxine-pyriméthamine, amodiaquine) sont apparus dans la plupart des pays où le paludisme est endémique. De même, l'efficacité des insecticides, qui avait donné naissance à de grands espoirs quant à l'éradication de cette maladie au milieu du vingtième siècle, est aujourd'hui menacée en raison de l'existence de résistances des moustiques vis-à-vis de l'ensemble des insecticides. Un tel phénomène nécessite la mise au point de nouveaux produits dont le coût est souvent très important. De plus, des écologistes ayant fait naître des peurs plus ou moins fondées à propos de l'usage du DDT, dont l'efficacité s'était pourtant montrée spectaculaire, son usage a été banni par les Etats-Unis en 1972, réduisant ainsi les programmes d'épandage dans les pays en voie de développement. D'autre part, l'utilisation de moustiquaires, qui permet de protéger efficacement les sujets qui les utilisent, ne parvient pas à se généraliser en raison de leur coût encore important et de leur difficile acceptabilité par les populations vivant en zone d'endémie. Enfin, la mise au point d'un vaccin contre le paludisme se heurte à la complexité et à la variabilité des antigènes plasmodiaux et les quelques essais vaccinaux humains qui ont été réalisés ont montré des résultats décevants. L'élaboration de nouveaux vaccins dirigés contre les différents stades de développement du parasite est en cours, mais aucun vaccin effectif n'est disponible à ce jour. Consécutivement à l'échec de ces différentes stratégies de lutte, le paludisme est aujourd'hui en recrudescence dans de nombreux pays. Le nombre annuel moyen de cas déclarés en Afrique était quatre fois plus élevé entre 1982 et 1997 qu'entre 1962 et 1981 (OMS 2002). Pour enrayer ce fléau mondial, le développement de nouvelles stratégies de lutte vaccinales, thérapeutiques ou anti-vectorielles est donc aujourd'hui nécessaire et urgent.

B. Le cycle biologique de *Plasmodium*

Le parasite responsable du paludisme est un hématozoaire du genre *Plasmodium*, appartenant à l'ordre des *Hæmosporidae* et à l'embranchement des *Apicomplexa*. Le genre *Plasmodium* rassemble une centaine d'espèces dont cinq sont responsables du paludisme chez l'Homme : *Plasmodium falciparum, Plasmodium vivax, Plasmodium malariae, Plasmodium ovale* et *Plasmodium knowlesi*. La majorité des infections palustres mortelles est due à *P. falciparum*, qui est l'agent de la fièvre tierce maligne. Le cycle biologique de *Plasmodium* est un cycle complexe qui comprend un hôte intermédiaire vertébré, où il se trouve sous forme haploïde et se multiplie de manière asexuée, et un hôte définitif, l'anophèle femelle, où a lieu la reproduction sexuée.

1. Le cycle chez l'Homme

Au cours d'une piqûre sur un vertébré, l'anophèle porteur de parasite transmet des sporozoïtes, qui sont les formes parasitaires infectantes pour l'hôte vertébré (Figure 2). Après une courte période de transit dans la circulation générale, les sporozoïtes envahissent les hépatocytes, où ils se multiplient pour former une masse multinucléée appelée schizonte hépatique. Dans le cas de certaines espèces de *Plasmodium*, des sporozoïtes peuvent rester quiescents dans le foie sous forme d'hypnozoïtes, avant d'entamer une schizogonie tardive qui sera à l'origine d'accès palustres survenant plusieurs mois ou plusieurs années plus tard. Chez les espèces qui ne possèdent pas de formes de persistance hépatique (c'est le cas de *P. falciparum*), le schizonte éclate après une période d'incubation de huit à quinze jours, ce qui conduit à la libération de plusieurs dizaines de milliers de mérozoïtes dans la circulation sanguine. Ces mérozoïtes envahissent alors les hématies, initiant ainsi le cycle érythrocytaire responsable des symptômes de la maladie. Une fois dans l'hématie, le mérozoïte se différencie en anneau puis en trophozoïte au sein d'une vacuole parasitophore. A partir de ce stade commence une phase réplicative intense donnant naissance à un schizonte qui, après segmentation, forme une rosace puis libère huit à trente-deux mérozoïtes suivant les espèces, qui vont à leur tour réinfecter des érythrocytes sains. L'éclatement simultané des rosaces est à l'origine des accès fébriles que présente le malade selon un rythme régulier. Après un nombre variable de générations schizogoniques, certains trophozoïtes se différencient pour donner naissance à des gamétocytes, qui sont les formes sexuées du parasite. La présence des gamétocytes est en général détectable la deuxième semaine qui suit l'infection et ces formes peuvent persister plusieurs semaines après la clairance des stades asexués. L'évolution ultérieure des gamétocytes intervient uniquement lorsqu'ils sont ingérés par un moustique à l'occasion d'un repas de sang.

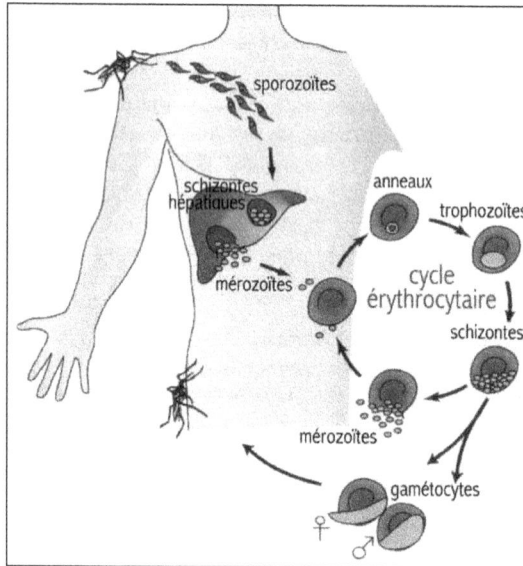

Figure 2 : Cycle biologique de *Plasmodium* chez l'Homme

2. *Le cycle chez l'anophèle*

Une fois dans la lumière du tube digestif de l'insecte, *Plasmodium* entame la phase sporogonique de son cycle de développement, qui commence par la transformation des gamétocytes mâles et femelles en gamètes (Figure 3). Entre vingt minutes et deux heures après le repas de sang se produit alors la fécondation entre les gamètes, puis le zygote issu de cette fécondation se transforme en ookinète. Après une vingtaine d'heures, l'ookinète traverse l'épithélium digestif du moustique pour venir se loger au niveau de la membrane basale de l'épithélium, où il évolue en oocyste. La maturation de l'oocyste dure entre huit et quinze jours et aboutit à la libération de sporozoïtes dans l'hémocoele de l'insecte. Les sporozoïtes gagnent alors les glandes salivaires et se rassemblent dans le canal salivaire, prêts à être injectés avec la salive dans l'organisme d'un vertébré lors d'un prochain repas sanguin.

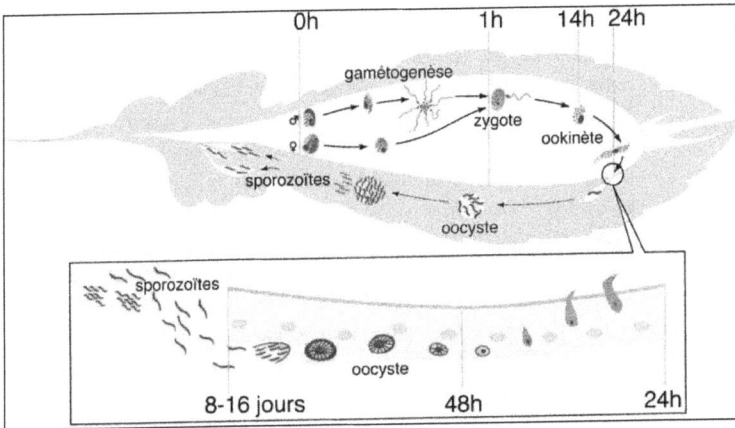

Figure 3 : Développement sporogonique de *Plasmodium* (d'après Riehle *et al.*, 2003)

II. L'anophèle hôte et vecteur de *Plasmodium* : un insecte hématophage

Dès 1880, année de la découverte du parasite *Plasmodium*, Laveran émettait l'hypothèse que ce parasite était transmis par les moustiques. Dix-sept ans plus tard, Ross confirmait cette hypothèse en apportant la démonstration définitive du développement de *Plasmodium* chez l'anophèle femelle. Les vecteurs des *Plasmodium* humains appartiennent tous au genre *Anopheles* qui fait partie de la famille des Culicidés et de l'ordre des Diptères. Sur le continent africain, les principales espèces vectrices appartiennent au complexe *Anopheles gambiae*.

Parmi les 400 espèces d'anophèles décrites, près de 65 peuvent assurer la transmission du parasite de manière plus ou moins efficace. Cette efficacité est dépendante de la capacité vectorielle des moustiques, qui reflète le fonctionnement du système parasite-vecteur dans un environnement donné (Rodhain, 1999). La capacité vectorielle est déterminée à la fois par des facteurs environnementaux (la température, l'humidité) et par des facteurs intrinsèques au moustique, qui reflètent le degré de coadaptation entre le vecteur et le parasite. Ces derniers facteurs représentent la compétence vectorielle de l'insecte, c'est-à-dire son aptitude à s'infecter, à assurer le développement du parasite et à le transmettre. En d'autres termes, la compétence vectorielle est conditionnée par la compatibilité des interactions entre le parasite et son vecteur. Dans le cas du système *Plasmodium-Anopheles*, ces interactions font intervenir principalement deux fonctions biologiques du moustique impliquant le système digestif et le système immunitaire.

A. La digestion chez les anophèles

Les anophèles mâles et femelles se nourrissent de jus sucrés, nectars et autres exsudats végétaux. Cependant, pour induire la vitellogenèse et assurer la production des oeufs, la femelle doit également se nourrir de sang. En effet, les protéines abondantes dans le sang sont dégradées par les enzymes digestives du moustique en acides aminés nécessaires à la constitution des œufs. Le corps de l'anophèle femelle adulte est occupé en grande partie par l'appareil digestif, responsable de la digestion du sang et de sucs d'origine végétale (Rodhain and Perez, 1985). Cet appareil est constitué dans sa partie antérieure d'une pompe pharyngienne, puis se prolonge par un œsophage auquel sont annexés trois ventricules où viennent s'accumuler les sucs végétaux (Figure 4). Un proventricule relie l'œsophage au mésentéron (que l'on appellera tube digestif dans ce manuscrit), en arrière duquel commence l'intestin postérieur qui aboutit à l'anus. A chaque piqûre sur un vertébré, l'anophèle femelle peut absorber une quantité de sang variant de un à trois microlitres, qui va être digérée durant une quarantaine d'heures. Le processus de digestion va impliquer plusieurs protéases secrétées par l'épithélium du moustique et va être accompagné de la formation d'une structure chitineuse entourant le repas de sang : la matrice péritrophique.

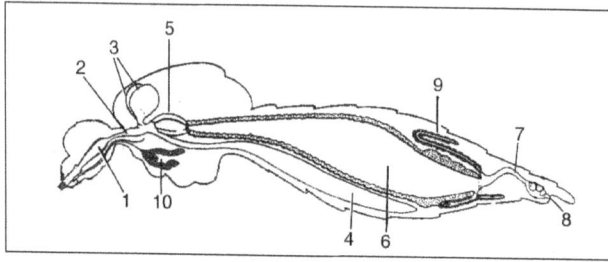

Figure 4 : Schéma de l'appareil digestif des anophèles (D'après Rodhain et Perez, 1985)
1 : pompe pharyngienne, 2 : œsophage, 3 : diverticules dorsaux, 4 : diverticule ventral, 5 : proventricule, 6 : tube digestif, 7 : intestin postérieur, 8 : anus, 9 : tubes de Malpighi, 10 : glandes salivaires.

1. La formation de la matrice péritrophique

La matrice péritrophique est une enveloppe membraneuse produite et secrétée par les cellules épithéliales du mésentéron de nombreux insectes. Elle isole le contenu alimentaire du pôle apical des cellules de l'épithélium intestinal. Chez le moustique adulte, sa synthèse est induite par la distension de l'épithélium digestif à la suite de la prise d'un repas de sang (Richards and Richards, 1977; Shao et al., 2001). Chez les anophèles, elle est stockée dans des vésicules qui sont accumulées au niveau du pôle apical des cellules épithéliales puis secrétées dans la lumière du tube digestif durant l'ingestion du sang (Billingsley and Rudin, 1992). La matrice devient mature entre 24h et 36h après le repas, puis disparaît après la digestion du sang (Rudin et al., 1991). Cette matrice est constituée de chitine, de protéines glycosylées (protéoglycanes) et de nombreuses protéines dont les péritrophines (Elvin et al., 1996; Tellam et al., 1999). Un gène codant pour une péritrophine, nommée Ag-Aper1, a été identifié chez *An. gambiae* (Shen and Jacobs-Lorena, 1998). Cette protéine, présentant deux domaines de liaison à la chitine, pourrait constituer un lien moléculaire permettant de connecter entre elles les fibrilles de chitine sous forme d'un réseau tridimensionnel chitino-protéique.

Plusieurs rôles ont été attribués à la matrice péritrophique. Tout d'abord, elle pourrait avoir une fonction de barrière protectrice contre les éventuelles abrasions causées par certaines toxines et macromolécules contenues dans le bol alimentaire. Ce rôle préventif s'étendrait jusqu'à une protection plus ou moins efficace contre une infection virale, bactérienne ou causée par tout autre agent pathogène (Lehane et al., 1997). Cette protection se met en place très rapidement, car la formation de la matrice débute dans les trente minutes suivant la prise du repas sanguin (Shen and Jacobs-Lorena, 1998). Cette matrice pourrait également être impliquée dans la digestion du sang, mais à ce jour, un tel rôle n'est pas encore démontré. Elle pourrait faciliter la digestion car le maillage créé par l'agencement des fibres de chitine permettrait d'établir une sélectivité des éléments qui sont assimilés au niveau de l'épithélium digestif (Lehane et al., 1997; Villalon et al., 2003). Toutefois, il a été démontré que l'absence de membrane péritrophique chez *An. stephensi* ne semblait pas affecter la capacité du moustique à digérer un repas de sang (Billingsley and Rudin, 1992).

2. *Les protéases impliquées dans la digestion du sang*

La digestion du repas sanguin par le moustique est réalisée par plusieurs protéases secrétées par l'épithélium digestif. La dégradation des protéines sanguines met en jeu deux groupes de protéases : d'une part les endopeptidases, telles que les trypsines et les chymotrypsines, qui hydrolysent les protéines au sein de la chaîne peptidique et, d'autre part, les exopeptidases, telles que les aminopeptidases et les carboxypeptidases, qui agissent respectivement au niveau de l'extrémité amino-terminale et carboxy-terminale des protéines.

a. *Les endopeptidases*

Parmi les endopeptidases secrétées au cours de la digestion, les trypsines sont les enzymes majoritaires (Briegel and Lea, 1975). Les trypsines sont des sérine protéases qui hydrolysent la liaison peptidique du côté carboxylique des résidus arginine ou lysine au sein des chaines peptidiques. La régulation de la synthèse de ces enzymes a été particulièrement documentée chez *Aedes aegypti* (vecteur de *Plasmodium* d'oiseaux) et il semblerait que cette régulation soit similaire chez *An. gambiae* (Müller et al., 1995; Noriega and Wells, 1999). Chez les anophèles, la synthèse des trypsines est induite par la prise d'un repas de sang et leur activité est détectée principalement dans la partie postérieure du tube digestif (Billingsley and Hecker, 1991; Lemos et al., 1996). Les cellules épithéliales synthétisent deux familles de trypsines : une première famille, appelée "trypsines précoces" dont la synthèse intervient quatre à six heures après l'ingestion d'un repas sanguin ou protéique, et une seconde famille, appelée "trypsines tardives", synthétisée en plus grande quantité, entre la huitième et la trente-sixième heure suivant le repas. Alors que la synthèse des trypsines précoces est régulée par le repas de sang au niveau traductionnel, celle des trypsines tardives est contrôlée au niveau transcriptionnel. En effet, la transcription des ARN messagers (ARNm) des trypsines précoces est initiée par l'hormone juvénile de l'insecte dès le premier jour après l'émergence de l'insecte (Noriega et al., 1997). Les ARNm sont alors accumulés dans les cellules épithéliales du moustique jusqu'à la prise d'un repas de sang, qui induit la traduction des ARNm en protéines capables de s'auto-activer (Noriega et al., 1996). Les trypsines précoces sont ensuite impliquées dans la régulation de la synthèse des trypsines tardives : la transcription des gènes codant pour les trypsines tardives semble en effet être régulée par les produits de la lyse des protéines sanguines, générés par l'activité des trypsines précoces (Barillas-Mury et al., 1995; Noriega and Wells, 1999). Chez *An. gambiae*, une famille de sept gènes codant pour des trypsines a été identifiée, constituant ainsi le premier exemple d'un cluster de gènes dont l'expression est différentiellement régulée par la prise d'un repas de sang (Müller et al., 1995; Müller et al., 1993).

Une autre classe de sérine protéases, les chymotrypsines, intervient également au cours de la digestion du repas de sang. Ces enzymes hydrolysent les liaisons peptidiques impliquant des acides aminés à fort encombrement stérique et hydrophobes comme le tryptophane. Chez *An. gambiae*, trois gènes codant pour de telles enzymes ont été identifiés et constituent un ensemble de chymotrypsines précoces et tardives dont le profil de régulation est similaire à celui des trypsines (Shen et al., 2000; Vizioli et al., 2001a). Les chymotrypsines sont produites sous forme inactive, et après leur sécrétion, ces zymogènes sont activés par les trypsines tardives.

Les endoprotéases du moustique constituent donc un ensemble d'enzymes présentant différentes spécificités de substrats et dont la synthèse semble être remarquablement contrôlée. La régulation de la synthèse de ces enzymes, à la fois au niveau transcriptionnel et traductionnel, pourrait permettre au moustique d'ajuster la quantité de trypsines et chymotrypsines nécessaire à la digestion d'un repas de sang avec une grande flexibilité.

b.   *Les exopeptidases*

Parallèlement aux endopeptidases, les cellules de l'épithélium digestif secrètent également des exopeptidases dont l'action va compléter la chaîne catabolique de la digestion du sang. Les aminopeptidases ont été les premières exopeptidases détectées chez les anophèles. En effet, Billingsley a détecté une activité aminopeptidase dans les parties antérieures et postérieures du tube digestif d'*An. stephensi* et a rapporté que cette activité est induite uniquement dans le tube digestif postérieur à la suite d'un repas de sang (Billingsley, 1990; Billingsley and Hecker, 1991). Le pic d'activité des aminopeptidases intervient entre la dix-huitième et la trentième heure après l'ingestion du sang, en parallèle avec le pic d'activité des trypsines tardives. Les aminopeptidases d'*An. stephensi* clivent préférentiellement les acides aminés non polaires, en particulier les résidus alanine, leucine et proline.

Contrairement aux aminopeptidases, les carboxypeptidases libèrent les acides aminés en position carboxy-terminale des protéines et des peptides. Chez les insectes, deux classes de carboxypeptidases ont été identifiées : les carboxypeptidases de classe A, qui clivent préférentiellement les acides aminés hydrophobes, et les carboxypeptidases de classe B, qui ont une préférence pour les substrats possédant en postion carboxy-terminale un acide aminé basique tel que l'arginine ou la lysine. Les activités carboxypeptidase A et B ont été décrites chez *Ae. aegypti* comme étant induites par un repas de sang avec un profil de régulation semblable à celui des trypsines tardives (Noriega et al., 2002). Peu d'études concernent l'activité carboxypeptidase chez les anophèles. Les activités carboxypeptidase A et B ont été détectées dans le tube digestif des femelles non gorgées d'*An. stepensi* et d'*An. gambiae* (Jahan et al.,

1999; Moskalyk, 1998). Alors que l'activité carboxypeptidase A est induite après un repas de sang et présente un pic d'activité 24h après le repas, l'activité carboxypeptidase B serait faiblement augmentée par la prise d'un repas de sang. Chez *An. gambiae*, un gène codant pour une carboxypeptidase A a été identifié, dont l'expression est induite trois heures après l'ingestion du sang, ce qui diffère du profil de régulation des autres enzymes protéolytiques (Edwards et al., 1997). Un intérêt particulier est d'ailleurs porté sur le promoteur de ce gène, qui pourrait être utilisé pour induire la surexpression de gènes insérés dans le génome du moustique dans les premières heures suivant le repas de sang (Edwards et al., 2000).

B. Le système immunitaire des insectes

La compétence vectorielle d'un moustique dépend en grande partie de la compatibilité des interactions moléculaires entre le parasite et le vecteur, mais également de la capacité du système immunitaire de l'insecte à reconnaître et à éliminer le parasite. Contrairement aux vertébrés, les insectes possèdent un système immunitaire n'impliquant que des réponses de type inné, sans mémoire immunologique. Le système immunitaire des insectes a l'avantage d'être activé rapidement, de présenter un certain degré de spécificité pour les différentes classes de micro-organismes auxquels ils sont exposés et de comprendre une variété de mécanismes de défense de type humoral ou cellulaire capables de prévenir et de stopper les processus infectieux. La réponse humorale consiste, d'une part, en l'activation de voies de signalisation intracellulaire contrôlant la synthèse de peptides anti-microbiens par le corps gras de l'insecte et, d'autre part, en l'activation de cascades protéolytiques dans l'hémolymphe provoquant des réactions de coagulation et de mélanisation (Figure 5). Ces mécanismes humoraux coopèrent avec les mécanismes de type cellulaire qui impliquent les hémocytes, correspondant aux cellules sanguines de l'insecte. Ces cellules participent à l'encapsulation ou à la phagocytose des micro-organismes à éliminer.

1. La reconnaissance des micro-organismes et l'activation de la réponse immunitaire

Chez les insectes, les mécanismes permettant la reconnaissance des micro-organismes pathogènes ne sont pas totalement élucidés. Il est cependant admis que ces mécanismes font intervenir des récepteurs capables de lier spécifiquement les structures moléculaires conservées des micro-organismes, telles que les lipopolysaccharides ou les peptidoglycanes. Sous l'effet de cette interaction, ces récepteurs activent des cascades protéolytiques extracellulaires dans l'hémolymphe et des voies de signalisation intracellulaire dans les tissus (Figure 5). En effet, certains récepteurs vont déclencher l'activation de cascades protéolytiques impliquant des sérine protéases ainsi que des inhibiteurs de ces enzymes appartenant à le famille des serpines (Danielli et al., 2003; Gorman and Paskewitz, 2001; Levashina et al., 1999). Ces cascades peuvent alors activer soit des réactions de coagulation, soit des réactions de mélanisation par l'intermédiaire de la prophénoloxydase (PPO), soit la synthèse de peptides anti-microbiens par l'intermédiaire de voies de signalisation intracellulaire qui contrôlent l'expression de gènes codant pour ces peptides. Deux voies de signalisation intracellulaire, la voie Toll et la voie Imd, ont été identifiées et caractérisées chez la drosophile (Hoffmann and Reichhart, 2002), et des homologues de plusieurs protéines impliquées dans ces voies de signalisation ont été également décrits chez le moustique (Luo and Zheng, 2000). Alors que la voie Toll est activée par une molécule "cytokine-like" nommée Spätzle, via une cascade protéolytique, les récepteurs qui activent la voie Imd n'ont pas encore été identifiés (Tzou et al., 2002). Une autre voie de signalisation, la voie JAK/STAT qui a été identifiée chez la drosophile et l'anophèle, n'est pas essentielle au contrôle de la synthèse de peptides anti-microbiens, mais contrôle l'expression d'autres facteurs humoraux (Agaisse and Perrimon, 2004). Ces voies de signalisation aboutissent à l'activation de facteurs de transcription, dont deux ont été identifiés chez *An. gambiae*, Gambif1 et AgSTAT (Barillas-Mury et al., 1996; Barillas-Mury et al., 1999).

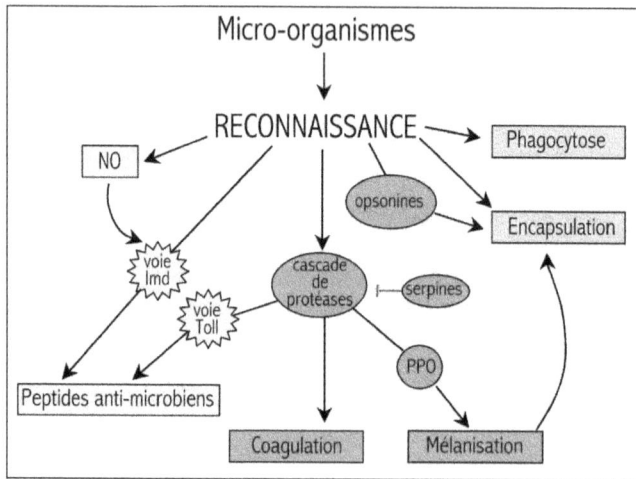

Figure 5 : Représentation schématique du système immunitaire des insectes
Les rectangles représentent les mécanismes de défenses, les ellipses représentent les facteurs humoraux et les étoiles représentent les voies de signalisation intracellulaire. En jaune : réactions intervenant dans le corps gras, en vert : réactions intervenant dans l'hémolymphe, en rose : réactions intervenant au niveau des hémocytes. NO : monoxyde d'azote, PPO : prophénoloxydase.

2. *Des mécanismes ciblés sur les micro-organismes*

a. *La phagocytose*

La phagocytose, qui joue un rôle essentiel dans l'élimination des bactéries pendant les premières phases de l'infection des insectes, implique majoritairement des hémocytes spécialisés appelés plasmatocytes. Ceux-ci peuvent en effet lier les bactéries en quelques secondes, probablement via des molécules de reconnaissance. Une étude réalisée *in vitro* sur des cellules d'*An. gambiae* a démontré que la phagocytose pouvait être médiée par un facteur d'opsonisation appelé TEP-1 (Thio Ester Protein) (Levashina et al., 2001). En effet, cette protéine humorale, qui présente des similarités de séquence avec des facteurs du complément et l'α2-macroglobuline des vertébrés, s'associe à la surface des bactéries Gram négatives et Gram positives, permettant ainsi la phagocytose par les hémocytes.

b. La mélanisation et l'encapsulation

La réaction de mélanisation, qui est un mécanisme de défense répandu chez les insectes, est due à une enzyme à activité oxydoréductase nommée phénoloxydase. Cette enzyme, présente dans l'hémolymphe de l'insecte sous forme de zymogène (prophénoloxydase), fait partie d'un système d'activation constitué de protéases, d'inhibiteurs de protéases et de molécules de reconnaissance (Soderhall and Cerenius, 1998). Sous l'effet de l'activation d'une cascade de sérine protéases, une série de réactions catalysées par la phénoloxydase va métaboliser la tyrosine pour aboutir à la formation de dopamine et de quinones. Ces dernières sont impliquées dans la formation d'une couche de mélanine qui immobilise les micro-organismes pathogènes et semblent même être toxiques pour eux. La mélanisation peut également être associée à l'encapsulation cellulaire, au cours de laquelle les hémocytes entourent les micro-organismes trop volumineux pour être phagocytés et forment autour d'eux une capsule qui deviendra mélanisée par le système prophénoloxydase.

c. Les peptides anti-microbiens

En réponse à une infection, des peptides anti-microbiens, composés de vingt à quarante acides aminés, sont rapidement produits par le corps gras et les tissus épithéliaux de l'insecte pour être secrétés dans l'hémolymphe. Leur activité, spécifique pour les différentes classes de pathogènes, consiste à provoquer la désintégration des membranes bactériennes ou à interférer avec des protéines des agents pathogènes. Chez *Drosophila melanogaster*, il existe une vingtaine de ces peptides présentant une activité anti-microbienne, qui sont régulés par les voies de signalisation Toll et Imd. Chez *An. gambiae,* plusieurs membres de la famille des défensines, des cécropines et des gambicines ont été identifiés (Christophides et al., 2002; Dimopoulos et al., 2000; Vizioli et al., 2001b).

d. Le monoxyde d'azote

Le monoxyde d'azote (NO) est une molécule ubiquitaire qui joue un rôle important dans de nombreux processus physiologiques chez les vertébrés. Elle provient de la réaction d'oxydation de l'arginine catalysée par l'enzyme Nitric Oxide Synthase (NOS), conduisant à la formation de citrulline et de NO. En oxydant les lipides membranaires, les protéines et les acides nucléiques des micro-organismes, cette molécule est connue pour être impliquée dans l'activité anti-bactérienne et anti-parasitaire des macrophages chez les vertébrés (Nathan and Hibbs, 1991). Chez les insectes, cette molécule est également impliquée dans les mécanismes de défense, notamment contre les bactéries Gram-négatives (Foley and O'Farrell, 2003; Nappi et al., 2000). Principalement produite par le corps gras, elle semble intervenir non seulement en tant qu'agent oxydant mais aussi comme messager dans la voie de signalisation Imd en contrôlant l'expression de peptides anti-microbiens tels que la diptéricine (Foley and O'Farrell, 2003).

III. Les interactions entre *Plasmodium* et *Anopheles*

La phase sporogonique du développement de *Plasmodium* débute avec l'ingestion des gamétocytes par l'anophèle femelle au cours d'un repas de sang sur un homme infecté et prend fin au moment de l'éjection des sporozoïtes par le canal salivaire, à l'occasion d'une autre piqûre. Une chute drastique du rendement parasitaire est observée entre les stades gamétocytes et oocystes. En effet, au cours de son développement chez le moustique, le parasite doit traverser différentes barrières physiologiques et faire face aux enzymes digestives et aux défenses immunitaires du moustique, facteurs susceptibles d'inhiber son développement. Cependant, comme il est habituel dans les systèmes hôte - parasite, *Plasmodium* a mis en place différentes stratégies d'adaptation pour assurer sa survie chez le vecteur, notamment en utilisant des molécules de l'hôte qui facilitent son développement.

A. Le développement de *Plasmodium* chez le moustique

1. Les gamétocytes

Au cours du cycle érythrocytaire de *Plasmodium*, certains trophozoïtes initient la phase sexuée, caractérisée par l'arrêt du cycle cellulaire et la différenciation du parasite en gamétocytes mâles et femelles. La maturation des gamétocytes se déroule en cinq stades successifs (Hawking et al., 1971) et débute dans les organes internes de l'hôte vertébré où sont séquestrés les stades gamétocytaires précoces (Smalley et al., 1981a). Après une période variable selon les espèces de *Plasmodium*, les gamétocytes matures sont libérés dans la circulation périphérique et deviennent alors accessibles pour le moustique. La gamétocytogenèse étant provoquée par une situation de "stress" occasionnée par des modifications de l'environnement du parasite, le gamétocyte est donc une forme d'évasion du parasite d'un hôte hostile vers un autre hôte par l'intermédiaire du moustique (Robert and Boudin, 2003). Plusieurs facteurs vont influencer le succès reproductif des gamétocytes chez le vecteur. Le nombre, le sex-ratio et l'âge des gamétocytes ingérés par le moustique sont en effet des facteurs déterminants (Carter and Gwadz, 1980; Lensen et al., 1999; Robert et al., 1996). De plus, la présence de médicaments antimalariques, tels que la chloroquine qui a un effet stimulant sur l'infectivité, ou de facteurs sanguins relevant de l'immunité bloquant la transmission peuvent modifier le pouvoir infectant des gamétocytes (Hogh et al., 1998; Kaslow, 1993).

2. Les gamètes

Lorsque les gamétocytes sont ingérés par le moustique, la transition entre la circulation sanguine de l'hôte vertébré et la lumière du tube digestif du moustique constitue un changement drastique pour le parasite, qui doit alors s'adapter rapidement à ce nouvel environnement. Dans les premières minutes suivant leur ingestion, les gamétocytes mâles et femelles subissent une transformation appelée gamétogenèse. Ce processus aboutit à la libération de microgamètes mâles et de macrogamètes femelles dans le bol alimentaire du moustique, après rupture de la membrane plasmique de leurs hématies hôtes. La gamétogenèse se déroule différemment chez les deux sexes : le gamétocyte femelle se transforme rapidement en macrogamète qui synthétise de nouveaux antigènes de surface, alors le gamétocyte mâle subit trois divisions mitotiques successives accompagnées par la formation de huit flagelles. Ce processus, nommé exflagellation, a été observé pour la première fois par Laveran en 1880. La gamétogenèse est induite par plusieurs facteurs, dont les premiers qui ont été mis en évidence *in vitro* correspondent à une chute de température d'au moins 5°C et à une augmentation du pH extracellulaire de 7,3 à 8 (Nijhout and Carter, 1978; Sinden and Croll, 1975). *In vivo*, il a été démontré que les deux principaux facteurs induisant la gamétogenèse étaient d'une part la chute de température entre le sang de l'hôte vertébré et le contenu stomacal du moustique, et d'autre part un facteur synthétisé par le moustique, l'acide xanthurénique, qui est un intermédiaire de la voie métabolique du tryptophane (Billker et al., 1998; Billker et al., 1997; Garcia et al., 1997). Le pH sanguin, qui augmente faiblement dans l'estomac du moustique, jouerait un rôle secondaire, au même titre que la présence d'ions bicarbonates ou d'autres composés sériques de l'hôte vertébré (Arai et al., 2001; Billker et al., 2000).

3. Le zygote

La fécondation des gamètes femelles par les gamètes mâles intervient entre vingt minutes et deux heures après le repas infectant. Après fusion des membranes plasmiques des deux gamètes, les deux noyaux haploïdes fusionnent pour former un zygote diploïde. Le zygote subit ensuite une division méïotique, permettant une recombinaison des génomes parentaux et un retour à l'haploïdie au stade ookinète. Au début de son développement, le zygote, au même titre que les gamètes, est résistant à l'action du complément présent dans le sang ingéré par le moustique. Suite à la modification de la composition de son manteau protéique, qui intervient dans les premières heures de son développement (Kaushal and Carter, 1984), le zygote devient sensible aux facteurs du complément. Cependant, cette perte de résistance est compensée par la baisse d'activité des facteurs du complément, qui pourraient être détruits par des protéases du moustique intervenant dans la digestion du repas sanguin (Grotendorst and Carter, 1987; Grotendorst et al., 1986; Margos et al., 2001).

4. L'ookinète

Pendant sa transformation de zygote en ookinète, le parasite passe par un stade intermédiaire appelé "stade retort", au cours duquel le zygote de forme arrondie bourgeonne en un point qui deviendra le pôle apical de l'ookinète. Au niveau de ce pôle apical vont se concentrer des organelles secrétoires telles que les micronèmes. En fonction des espèces de Plasmodies, l'ookinète devient mature entre 12h et 24h après l'ingestion par le moustique. Il se présente alors sous une forme allongée, avec une polarité antéro-postérieure, et il devient mobile dans le bol alimentaire grâce à son complexe locomoteur appelé axonème. Le parasite exprime à ce stade de nouveaux antigènes à sa surface, dont les protéines majeures de surface de *P. falciparum* nommées Pfs25 et Pfs28, tandis qu'il n'exprime plus certains antigènes présents chez les gamètes.

Le développement de l'ookinète est contemporain de la sécrétion enzymatique protéolytique abondante dans l'estomac du moustique. Bien que les ookinètes soient plus résistants aux protéases que les stades précédents, certaines des enzymes digestives sont capables de les détruire (Gass, 1977; Gass and Yeates, 1979; Müller et al., 1993). Les ookinètes s'échappent le plus vite possible de la lumière du tube digestif avant d'être détruits par ces enzymes. Pour cela, il doit traverser deux barrières physiologiques : la matrice péritrophique puis l'épithélium stomacal du moustique (Figure 6). Plusieurs auteurs ont suggéré que la matrice péritrophique pouvait constituer une barrière pour le développement du parasite, comme c'est le cas pour de nombreux pathogènes (Billingsley and Rudin, 1992; Sieber et al., 1991). Cependant, il a été démontré chez *Ae. aegypti* que cette matrice n'avait pas de rôle limitant sur l'infectivité des ookinètes matures de *P. gallinaceum* car ceux-ci sont capables de traverser la matrice grâce à la sécrétion d'une chitinase (Huber et al., 1991; Shahabuddin et al., 1993). Cette enzyme, sécrétée par les micronèmes du parasite sous forme inactive de prochitinase, permettrait l'accrochage des ookinètes à la matrice péritrophique, puis après activation par une trypsine du moustique, la chitinase dégraderait la chitine de la matrice pour permettre le passage du parasite (Shahabuddin and Kaslow, 1994).

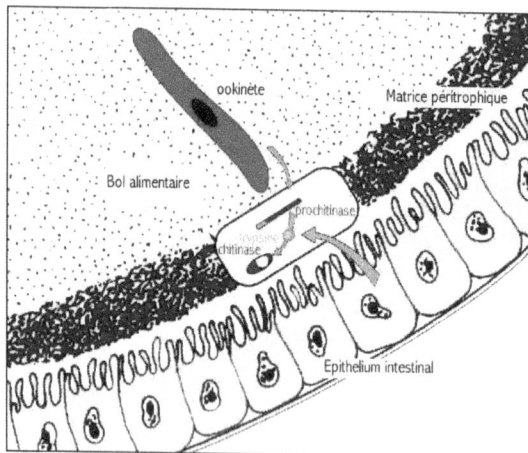

Figure 6 : Traversée de la matrice péritrophique et de l'épithélium intestinal par l'ookinète (modifié d'après Shahabuddin *et al.*, 1996)

Juste après la traversée de la matrice péritrophique, l'ookinète se trouve dans l'espace ectopéritrophique, en contact avec les microvilli des cellules épithéliales du tube digestif. A la suite d'un repas de sang, ces cellules sont recouvertes d'un glycocalyx, qui est une structure glycosylée complexe formant un réseau associé aux microvilli (Zieler et al., 1998; Zieler et al., 2000b). La traversée de l'épithélium se déroule en deux étapes distinctes : tout d'abord une étape de reconnaissance et d'adhésion, probablement par l'intermédiaire d'un récepteur présent sur le glycocalyx ou sur les cellules épithéliales, puis une étape d'invasion de l'épithélium (Zieler et al., 1998). Plusieurs études ont suggéré l'existence d'une interaction de type ligand-récepteur entre les ookinètes et l'épithélium, mais la nature exacte de ce mécanisme n'est pas encore élucidée. Par des expériences d'adhésion *in vitro*, Zieler et ses collègues ont démontré que les ookinètes de

P. gallinaceum adhérent spécifiquement à la surface luminale de l'épithélium digestif d'*Ae. aegypti*, par l'intermédiaire d'un récepteur glycoprotéique contenant des résidus sucrés apparentés à l'acide sialique (Zieler et al., 1999). Ces résultats confirment les précédentes hypothèses suggérant que des glycoprotéines de l'épithélium pouvaient tenir lieu de récepteur pour le parasite (Billingsley, 1994; Ramasamy et al., 1997). La reconnaissance de ces glycoprotéines serait favorisée par des lectines présentes à la surface de l'ookinète. D'ailleurs, l'adhésion des ookinètes à l'épithélium peut être bloquée par l'ajout de lectines artificielles au repas sanguin (Zieler et al., 2000b). L'hypothèse de l'existence d'un récepteur est également renforcée par les études démontrant qu'un peptide sélectionné par la technique de "phage display", nommé SM1 (Salivary gland and Midgut binding peptide 1), est capable d'inhiber l'invasion des ookinètes en se liant à l'épithélium digestif (Ghosh et al., 2001; Ito et al., 2002). D'autre part, certaines molécules du parasite ont été proposées pour tenir lieu de ligand, telles que la protéine de surface Pfs25 ou la protéine CTRP (Circumsporozoïte protein and Thrombospondin-related adhesive protein-Related Protein). En effet, des parasites transgéniques dans lesquels les gènes codant pour ces protéines ont été inactivés perdent la capacité de pénétrer dans l'épithélium (Dessens et al., 1999; Tomas et al., 2001).

Le mode de traversée des ookinètes dans l'épithélium par voie intracellulaire ou extracellulaire a longtemps été discuté et pourrait être différent selon les espèces plasmodiales (Meis et al., 1989b; Meis and Ponnudurai, 1987; Meis et al., 1989a; Torii et al., 1992a; Torii et al., 1992b; Torii et al., 1990). Cependant, l'hypothèse de l'invasion par voie intracellulaire semble être retenue à l'heure actuelle (Shahabuddin, 1998; Vlachou et al., 2004; Zieler and Dvorak, 2000a). Avant de pénétrer dans les cellules épithéliales, les ookinètes migrent à la surface de l'épithélium, semblant rechercher un site d'invasion particulier (Zieler and Dvorak, 2000a). Pour le système *Ae. aegypti / P. gallinaceum*, il a été proposé que l'épithélium digestif du moustique serait composé d'une grande variété de types cellulaires différents et que les ookinètes traverseraient préférentiellement un type cellulaire spécifique présent dans la partie postérieure du tube digestif. Ces cellules, appelées "cellules Ross", ont des caractéristiques morphologiques et histochimiques spécifiques, et expriment une grande quantité d'ATPase vésiculaire (Cociancich et al., 1999; Shahabuddin, 1998; Zieler et al., 1999). L'invasion de ces cellules par les ookinètes provoquerait leur mort cellulaire par apoptose (Zieler and Dvorak, 2000a). Cependant, une étude portant sur le système *An. stephensi / P. berghei* a proposé un modèle d'invasion différent, dans lequel les ookinètes pourraient pénétrer dans toutes les cellules de l'épithélium sans discrimination (Han et al., 2000). Les différences morphologiques observées pour les cellules traversées seraient alors une conséquence de leur invasion. Après la traversée des ookinètes, ces cellules seraient expulsées de l'épithélium par une constriction d'actine à la base de la cellule.

5. L'oocyste

La traversée des cellules épithéliales par les ookinètes est interrompue lorsque ceux-ci entrent en contact la lame basale de l'épithélium. En effet, ce contact induit une inhibition de la motilité des ookinètes et serait probablement impliqué dans leur différenciation en oocystes (Arrighi and Hurd, 2002). Cette interaction mettrait en jeu des molécules de laminine et de collagène, qui sont les principaux constituants de la lame basale, et un ligand parasitaire (Adini and Warburg, 1999). Plusieurs molécules, de par leur capacité à adhérer aux composants de la lame basale, pourraient constituer ce ligand, telles que les protéines de micronèmes CTRP (Arrighi and Hurd, 2002), SOAP (Secreted Ookinete Adhesive Protein) (Dessens et al., 2003) et WARP (von Willebrand factor A domain-Related Protein)(Yuda 01), ou les protéines de surface P25 et P28 (Vlachou et al., 2001). La protéine P28 semble être un bon candidat car la délétion du gène chez *P. berghei* réduit fortement la capacité des ookinètes à se transformer en oocystes (Siden-Kiamos et al., 2000).

Une fois logés entre les cellules épithéliales et la lame basale, les oocystes deviennent sphériques et débutent leur différenciation. La période de maturation de l'oocyste peut durer entre dix à vingt-quatre jours suivant les espèces de *Plasmodium* et en fonction de la température et de l'apport en nutriments. L'oocyste forme un syncitium dans lequel se produit plusieurs duplications génomiques successives. Il est le siège de treize divisions mitotiques qui aboutissent à la formation d'environ 8000 sporozoïtes. Des gènes parasitaires essentiels à la formation des sporozoïtes dans l'oocyste ont été identifiés, tels que le gène codant pour la CSP (CircumSporozoïte Protein) ou le gène codant pour la PxSR (*Plasmodium* Scavengeor Receptor-like protein) (Claudianos et al., 2002; Ménard et al., 1997).

6. *Les sporozoïtes*

Après déchirure de l'enveloppe oocystique, les sporozoïtes sont libérés dans l'hémolymphe du moustique. Moins de 25% d'entre eux vont atteindre les glandes salivaires, dans lesquelles ils vont pénétrer préférentiellement au niveau du lobe médian et de l'extrémité distale des lobes latéraux (Vaughan et al., 1994). L'existence d'un récepteur au niveau des glandes salivaires est fortement suggérée par plusieurs études démontrant que l'invasion des glandes par les sporozoïtes peut être inhibée par des anticorps dirigés contre des protéines de glandes salivaires, par des lectines, ou par le peptide SM1 sélectionné par la technique de "phage display" (Barreau et al., 1995; Brennan et al., 2000; Ghosh et al., 2001). Deux protéines parasitaires pourraient être impliquées dans une telle interaction : la protéine CSP et la protéine TRAP (Thrombospondine Related Adhesive Protein), pour lesquelles il a été démontré qu'elle jouaient un rôle clé pour la biologie du sporozoïte et particulièrement dans l'invasion des glandes salivaires (Matuschewski et al., 2002; Sidjanski et al., 1997; Sultan et al., 1997; Wengelnik et al., 1999). Après la traversée de l'épithélium des glandes salivaires, les sporozoïtes doivent pénétrer dans le canal salivaire et attendre d'être injectés avec la salive chez un hôte vertébré pour poursuivre le cycle parasitaire. Dans les glandes salivaires, plusieurs milliers de sporozoïtes peuvent survivre et rester infectants pour l'hôte vertébré jusqu'à quarante jours, ce qui signifie qu'un moustique parasité peut rester infectant pendant toute sa vie.

B. Le rendement parasitaire

Le rendement parasitaire du développement sporogonique, qui désigne le nombre de sporozoïtes inoculés par piqûre par rapport au nombre de gamétocytes ingérés par le moustique, est le reflet de la compatibilité des interactions entre le parasite et son vecteur. Ce rendement peut être évalué entre différents stades de développement du parasite en mesurant à chaque stade l'intensité parasitaire, c'est-à-dire le nombre moyen de parasites par moustique infecté (Vaughan et al., 1992). Les différentes barrières rencontrées par le parasite, telles que la matrice péritrophique et les épithéliums du tube digestif et des glandes salivaires, ainsi que les défenses immunitaires et les enzymes digestives du moustique dont les effets seront abordés dans les chapitres suivants, contribuent à diminuer le rendement parasitaire entre les stades gamétocytes et oocystes. En effet, d'après une étude menée chez *An. gambiae* en condition d'infection par des cultures de *P. falciparum*, l'intensité parasitaire diminuerait d'un facteur de 316 entre les stades gamétocytes et ookinètes, puis encore 100 fois entre les stades ookinètes et oocystes (Vaughan et al., 1994). De plus, une étude ultérieure, menée en conditions naturelles avec des densités gamétocytaires plus faibles, a montré une réduction de l'intensité parasitaire de 75% entre les stades gamètes et oocystes (Gouagna et al., 1998). Malgré ce faible rendement, la forte multiplication des sporozoïtes au sein de l'oocyste permet la poursuite du cycle parasitaire. D'autre part, les travaux de Vaughan *et al.,* menés sur six espèces différentes d'*Anopheles,* ont montré une variation du rendement parasitaire entre les différentes espèces vectrices, reflétant ainsi les différences de compatibilité des interactions moléculaires entre le parasite et son hôte vecteur (Vaughan et al., 1994).

C. *Plasmodium* et le système immunitaire du moustique

La chute du rendement parasitaire observée entre les stades gamétocytes et oocystes de *Plasmodium* pourrait être liée à la réponse immunitaire des anophèles. Pendant l'invasion de l'épithélium digestif par les ookinètes de *Plasmodium*, plusieurs gènes impliqués dans l'immunité du moustique sont surexprimés à la fois dans les cellules épithéliales du tube digestif et dans le corps gras de l'insecte (Christophides et al., 2002; Dimopoulos et al., 2000; Dimopoulos et al., 2002; Dimopoulos et al., 1997; Dimopoulos et al., 1998; Tahar et al., 2002). Par exemple, des gènes codant pour des récepteurs impliqués dans la reconnaissance des pathogènes (GNBP : Gram Negative Binding Protein, PGRP : PeptidoGlycan Recognition Protein et LRIM : Leucine Rich-repeat Immune Gene) sont fortement surexprimés chez les moustiques infectés par *P. falciparum* ou *P. berghei*. De' même, des gènes codant pour des peptides anti-microbiens, tels que la défensine, ou pour l'enzyme NOS sont fortement surexprimés en présence des mêmes parasites. Cependant, peu d'études ont démontré à ce jour une corrélation entre la surexpression de ces gènes et une action directe de leurs produits sur le développement du parasite. Par exemple, la défensine ne semble pas être un agent anti-parasitaire majeur chez *An. gambiae* (Blandin et al., 2002). Toutefois, il a été démontré chez différentes espèces d'anophèles que la molécule NO, dont la production est induite par la présence de *P. berghei*, peut limiter le développement sporogonique du parasite (Herrera-Ortiz et al., 2004; Luckhart et al., 1998). De plus, une étude récente a rapporté que l'extinction par RNAi de l'expression de LRIM chez *An. gambiae* conduisait à une forte augmentation de l'intensité de l'infection par *P. berghei*, suggérant que la protéine LRIM joue un rôle antagoniste au développement de *Plasmodium* (Osta et al., 2004). D'autre part, une autre étude a démontré que la protéine TEP-1, dont le gène est surexprimé en présence de *P. berghei,* jouait un rôle essentiel dans la réponse anti-parasitaire d'*An. gambiae* (Blandin et al., 2004). En effet, par extinction de l'expression de TEP-1 par RNAi, ces résultats montrent d'une part une augmentation de l'intensité d'infection chez des moustiques susceptibles et, d'autre part, la suppression du processus de mélanisation et une survie normale des parasites chez des moustiques non permissifs au développement du parasite. Cette étude suggère donc que la réponse immunitaire d'*An. gambiae* contre *P. berghei* se déroulerait en deux étapes : dans un premier temps, TEP-1 induirait la mort des parasites par un mécanisme encore non identifié, et dans un deuxième temps les parasites morts subiraient les processus de lyse et de mélanisation.

D. *Plasmodium* et la digestion du repas sanguin du moustique

Les stades sporogoniques précoces de *Plasmodium* se développant dans la lumière du tube digestif du moustique dans les premières heures suivant le repas sanguin, les facteurs déterminant le succès du développement parasitaire sont intimement liés au processus de digestion du sang. Par exemple, l'existence de variations interspécifiques concernant la vitesse de digestion pourrait expliquer en partie les différences de compétence vectorielle observées entre différentes espèces d'anophèles (Chadee and Beier, 1995). La sécrétion de protéases pourrait être impliquée dans le développement du parasite. Toutefois, le rôle joué par ces protéases est controversé. En effet, il a été démontré que les protéases d'*Ae. aegypti*, notamment la trypsine, pouvaient détruire les ookinètes de *P. gallinaceum* (Gass and Yeates, 1979). De plus, chez une souche d'*An. stephensi* ne permettant pas le développement de *P. falciparum*, Feldmann et ses collaborateurs ont détecté une activité aminopeptidase plus importante que chez une souche sensible de la même espèce, suggérant que cette activité pourrait être associée au caractère réfractaire des moustiques (Feldmann et al., 1990). Par contre, d'autres auteurs n'ont pas observé de corrélation entre les activités trypsine ou aminopeptidase et le caractère réfractaire ou sensible d'*Ae. aegypti* vis-à-vis de *P. gallinaceum,* ce qui suggère que l'inhibition du développement des oocystes chez la souche réfractaire ne semble pas être le résultat de la destruction des ookinètes par ces protéases (Kaplan et al., 2001). De même, chez trois espèces d'anophèles de susceptibilité différente à *P. falciparum*, aucune corrélation n'a été observée entre l'activité protéolytique des moustiques et l'intensité de leur infection par le parasite, ce qui suggère que les protéases ne sont pas les seuls facteurs limitant le développement des stades précoces de *P. falciparum* (Chege et al., 1996). D'autre part, si les protéases du tube digestif du moustique étaient impliquées dans le développement de *Plasmodium*, on pourrait s'attendre à une variation de l'activité enzymatique pendant ce développement, or les travaux de Jahan *et al* ont montré que la présence de *P. yoelii* dans le bol alimentaire d'*An. stephensi* ne modifiait que très peu l'activité protéolytique (Jahan et al., 1999). En effet, les activités trypsine, chymotrypsine et carboxypeptidase A ne sont pas affectées par la présence du parasite pendant deux cycles gonotrophiques consécutifs et seule l'activité aminopeptidase est réduite au cours du second cycle. Cette dernière observation pourrait être le résultat de la détérioration de l'épithélium intestinal causée par la migration des ookinètes.

E. *Plasmodium* : un parasite adapté à son hôte invertébré

Malgré les environnements hostiles que constituent le tube digestif et l'hémolymphe du moustique, dans lesquels se déroulent la digestion et la réponse immunitaire de l'insecte, *Plasmodium* peut tout de même se développer avec succès chez de nombreuses espèces d'anophèles. Comme tout parasite, *Plasmodium* a mis en place des stratégies d'adaptation pour assurer sa survie chez le vecteur et pour exploiter les ressources de l'insecte. D'une part,

Plasmodium se procure dans le bol alimentaire du moustique des nutriments initialement destinés à l'insecte. En effet, alors qu'il a été observé une augmentation de la concentration en glucides et en acides aminés dans l'hémolymphe du moustique suite à un repas sanguin, la présence de *Plasmodium* dans le repas conduit à une déplétion de ces nutriments (Mack et al., 1979a; Mack et al., 1979b). D'autre part, le parasite peut détourner à son propre profit des molécules synthétisées par le vecteur. L'identification de l'acide xanthurénique est un des premiers exemples décrits de mécanisme d'adaptation du parasite à son hôte. En effet, cette molécule synthétisée par le moustique est détournée par le parasite pour faciliter son propre développement (Billker et al., 1998; Billker et al., 1997; Garcia et al., 1997). Les études portant sur cette molécule suggèrent qu'elle provoquerait l'exflagellation du parasite par activation d'une voie de transduction du signal dépendante du calcium, via des récepteurs spécifiques du parasite encore inconnus à ce jour (Billker et al., 2004; Muhia et al., 2001). L'interaction entre la prochitinase de *Plasmodium* et la trypsine du moustique est également un exemple de mécanisme de coadaptation entre le parasite et son vecteur (Shahabuddin, 1998). En effet, le parasite utiliserait la trypsine qui est secrétée par le moustique afin d'activer sa prochitinase nécessaire à la traversée de la matrice péritrophique. Cependant, cette interaction est remise en question depuis que les travaux de Vinetz *et al.* ont démontré d'une part l'existence chez *P. falciparum* d'une chitinase ne possédant pas de propeptide, et d'autre part que les ookinètes *de P. gallinaneum* pouvaient activer la prochitinase PgCHT1 sans l'intervention de protéases du moustique (Langer and Vinetz, 2001; Vinetz et al., 1999; Vinetz et al., 2000). Enfin, il a été proposé récemment que des lectines secrétées par le moustique pouvaient être détournées par le parasite pour le protéger contre les réactions de mélanisation dans l'hémolymphe (Osta et al., 2004).

IV. Les stratégies de blocage de la transmission de *Plasmodium*

Au cours de son développement chez le vecteur, le parasite est particulièrement vulnérable. En effet, alors qu'ils doivent faire face aux défenses immunitaires du moustique, ainsi qu'aux protéases impliquées dans la digestion du sang, les stades sporogoniques de *Plasmodium* sont les seuls stades pendant lesquels le parasite est extracellulaire pendant plusieurs heures. Plusieurs stratégies ont donc été proposées pour intervenir à cette étape du cycle afin de bloquer le développement parasitaire. Les principales stratégies envisagées à l'heure actuelle consistent soit à développer un vaccin bloquant la transmission du parasite, soit à développer des moustiques transgéniques qui auraient perdu la capacité de transmettre le parasite. Évidemment, le développement de telles stratégies nécessite l'identification de molécules impliquées dans la survie du parasite chez son vecteur.

A. Une stratégie vaccinale: les vaccins anti-transmission

Un vaccin anti-transmission consiste à induire chez l'Homme des anticorps empêchant le développement du parasite chez le moustique. L'objectif d'un tel vaccin est de réduire la transmission de *Plasmodium* dans les régions d'endémie en diminuant le nombre de moustiques parasités. Le développement sporogonique de *Plasmodium* impliquant des facteurs qui proviennent à la fois du parasite et du moustique, les anticorps anti-transmission peuvent donc cibler soit des antigènes du parasite, soit des antigènes du moustique (Figure 7).

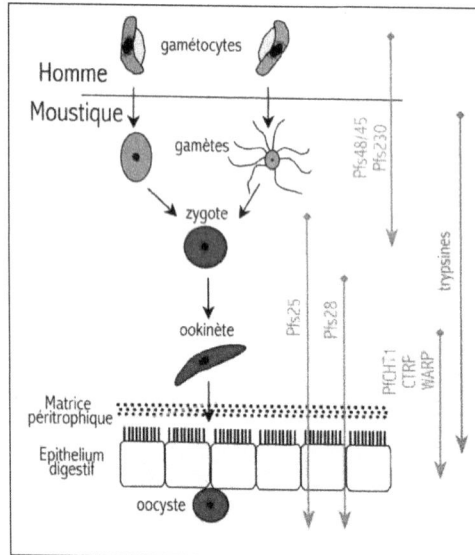

Figure 7 : Les cibles de vaccin bloquant la transmission
Les flèches représentent la période pendant laquelle les antigènes cibles parasitaires (en vert) ou du moustique (en rouge) sont exprimés.

1. Les cibles antigéniques parasitaires

Les premiers essais de vaccination visant à bloquer la transmission de *Plasmodium* ont débuté dans les années 1950, lorsque Huff et ses collègues ont observé que la vaccination avec un mélange de stades sexués et asexués du parasite induisait une immunité bloquant la transmission chez les animaux vaccinés (Huff et al., 1958). Par la suite, il a été démontré que la vaccination avec les stades sexués purifiés du parasite pouvait induire le même phénomène, et que les gamètes étaient plus efficaces que les gamétocytes pour induire cette immunité (Carter and Chen, 1976; Carter et al., 1979; Gwadz, 1976). Une telle immunité est due à des anticorps qui sont dirigés contre des protéines de surface du parasite et qui agissent dans le tube digestif du moustique. Avec l'utilisation d'anticorps monoclonaux provenant de souris immunisées par des gamètes, certains antigènes cibles ont été caractérisés (Rener et al., 1983; Vermeulen et al., 1985). On peut séparer ces antigènes en deux classes : les antigènes pré-fécondation, qui sont exprimés chez les gamétocytes et les gamètes, et les antigènes post-fécondation, exprimés aux stades zygotes et ookinètes.

a. Les cibles antigéniques pré-fécondation

Les antigènes pré-fécondation sont la cible d'anticorps qui vont soit entraîner la lyse des gamètes via le complément, soit interférer avec la fécondation. Les deux antigènes les plus étudiés sont les protéines Pfs48/45 et Pfs230, qui sont exprimées à la surface des gamétocytes, des gamètes et des jeunes zygotes de *P. falciparum* (Templeton and Kaslow, 1999; Williamson et al., 1993). Ces protéines appartiennent à une superfamille définie par la présence de domaines riches en résidus cystéine et spécifiques au genre *Plasmodium* (Templeton and Kaslow, 1999). Alors que la protéine Pfs48/45 semble être impliquée dans la fertilité du gamète mâle (van Dijk et al., 2001), le rôle de la protéine Pfs230 est encore inconnu. Il a été démontré que des anticorps monoclonaux dirigés contre ces deux antigènes étaient capables de bloquer la fécondation du parasite (Carter et al., 1988; Vermeulen et al., 1985). La présence du complément de l'hôte vertébré ne semble pas requise pour le blocage par les anticorps anti-Pfs48/45, contrairement aux anticorps dirigés contre Pfs230 qui sont dépendants du complément (Healer et al., 1997; Quakyi et al., 1987; Targett, 1990). Des études de terrain ont montré que des anticorps dirigés contre ces deux antigènes pouvaient être générés au cours d'une infection naturelle (Foo et al., 1991; Graves et al., 1988). Une corrélation positive a d'ailleurs été observée entre la présence d'anticorps anti-Pfs230 ou anti-Pfs48/45 et la capacité de blocage de la transmission (Healer et al., 1999; Roeffen et al., 1996). En effet, bien que les gamétocytes, se développant à l'intérieur des globules rouges, ne soient pas exposés directement au système immunitaire, on peut supposer que les antigènes gamétocytaires sont présentés au système immunitaire lorsque les érythrocytes parasités sénescents sont détruits dans la rate (Williamson, 2003). Les protéines Pfs48/45 et Pfs230 étant exprimées dès les stades précoces de différenciation des gamétocytes chez l'Homme, l'immunité protectrice induite par une vaccination avec un de ces antigènes peut donc être stimulée par la poussée gamétocytaire inhérente à chaque infection naturelle. Ces observations soulignent l'intérêt de ces antigènes comme cibles vaccinales de blocage de la transmission. Cependant, le développement de vaccins dirigés contre ces deux antigènes se heurte à l'heure actuelle aux difficultés de production des protéines recombinantes Pfs48/45 et Pfs230.

D'autres antigènes cibles ont été caractérisés, tels que Pfg27/25, qui est exprimé au stade gamétocyte (Wizel and Kumar, 1991), ou Pfs2400, qui est transitoirement exposé sur la membrane de la vacuole parasitophore des globules rouges parasités par des gamétocytes (Feng et al., 1993). Des anticorps monoclonaux dirigés contre ces antigènes gamétocytaires limitent fortement la transmission du parasite. Cependant, le choix de ces antigènes comme cible vaccinale est discuté. En effet, ces antigènes n'étant pas exposés à la surface des stades parasitaires se développant chez le moustique, le mécanisme d'inhibition reflète certainement une réaction croisée avec des épitopes communs à d'autres molécules parasitaires.

b. Les antigènes cibles post-fécondation

Les antigènes post-fécondation, qui sont exprimés pendant les stades zygotes et ookinètes de *Plasmodium*, sont reconnus par des anticorps qui ont la capacité de bloquer la transmission du parasite via deux mécanismes : soit en bloquant la transformation du zygote en ookinète, soit en empêchant la pénétration des ookinètes dans l'épithélium intestinal du moustique. Plusieurs antigènes cibles ont été caractérisés, tels que les protéines de surface de *P. falciparum* Pfs25 et Pfs28 (Duffy and Kaslow, 1997; Kaslow et al., 1988), ainsi que la chitinase PfCHT1 (Shahabuddin et al., 1993; Vinetz et al., 1999) ou la protéine CTRP (Dessens et al., 1999) présentes dans les micronèmes du parasite.

i. Les protéines de surface Pfs25 et Pfs28

Les protéines Pfs25 et Pfs28 sont des protéines majeures de surface de *P. falciparum*. Les gènes codant pour leurs homologues P25 et P28 ont été identifiés dans de nombreuses espèces de *Plasmodium* (Kaslow et al., 1989; Paton et al., 1993; Tsuboi et al., 1997; Tsuboi et al., 1998). La synthèse de la protéine Pfs25 débute entre trente minutes et deux heures après la formation des gamètes femelles et la protéine est exprimée jusqu'au stade oocyste (Fries et al., 1990). La synthèse de la Pfs28, quant à elle, débute au cours de la transformation du zygote en ookinète (Duffy and Kaslow, 1997). Des études fonctionnelles ont montré que les protéines P25 et P28 sont impliquées dans la survie de l'ookinète, dans sa pénétration dans l'épithélium intestinal, ainsi que dans sa transformation en oocyste (Tomas et al., 2001). Des anticorps monoclonaux dirigés contre la Pfs25 peuvent bloquer le développement de *P. falciparum* chez le moustique (Vermeulen et al., 1985). *In vivo*, l'immunisation de rongeurs et de primates par des protéines recombinantes Pfs25 et Pfs28 produites dans différents systèmes d'expression peut induire la production d'anticorps bloquant la transmission du parasite (Barr et al., 1991; Duffy and Kaslow, 1997; Gozar et al., 1998; Kaslow et al., 1994). Il été démontré que des anticorps anti-Pfs25 ont la capacité de bloquer la transmission du parasite à différents stades de son développement. En effet, des anticorps polyclonaux anti-Pfs25 peuvent inhiber la transformation des zygotes en ookinètes ainsi que la maturation des ookinètes en oocystes (Kaslow et al., 1994). De plus, des anticorps monoclonaux anti-Pfs25, lorsqu'ils sont ingérés par le moustique trois à six jours après le repas infectant, peuvent également réduire la production de sporozoïtes par les oocystes (Lensen et al.,

1992). Les protéines Pfs25 et Pfs28 n'étant pas exprimées avant le stade gamète, aucun anticorps naturel n'est produit chez l'Homme. Cette absence de pression sélective immunitaire se traduit par l'existence d'une faible variation antigénique et d'une forte immunogénicité de ces antigènes, ce qui en fait des candidats vaccinaux de choix. D'ailleurs, des expériences d'immunisation de phase I avec la protéine Pfs25 recombinante produite chez la levure sont actuellement effectuées chez l'Homme. En revanche, en raison de l'absence de ces antigènes dans les stades présents chez l'Homme, l'immunité protectrice induite par vaccination contre ces protéines ne peut pas être stimulée à chaque infection naturelle, contrairement à l'immunité dirigée contre Pfs230 et Pfs48/45.

ii. Les protéines des micronèmes PfCHT1/chitinase et CTRP

En parallèle aux protéines de surface parasitaires, d'autres cibles antigéniques pouvant constituer des candidats vaccinaux sont envisagées. Il s'agit de protéines sécrétées par les micronèmes de l'ookinète et qui sont impliquées dans le passage du parasite à travers la matrice péritrophique et l'épithélium intestinal du moustique. Un de ces candidats potentiels est la chitinase secrétée par le parasite pour franchir la matrice péritrophique. *In vivo*, il a été démontré que la présence dans le repas de sang d'allosamidine, un inhibiteur spécifique de chitinase, empêche la pénétration des ookinètes à travers l'épithélium intestinal (Shahabuddin et al., 1993). Plus récemment, il a été rapporté que l'ajout dans un repas infectant d'un propeptide synthétique d'une chitinase de moustique peut bloquer le développement sporogonique de *P. falciparum* chez *An. gambiae*, probablement en inhibant l'activation à la fois de la prochitinase du moustique et de celle du parasite (Bhatnagar et al., 2003). Les gènes codant pour les chitinases de *P. falciparum* (PfCHT1) et d'autres espèces de *Plasmodium* ont été identifiés et les protéines recombinantes exprimées sous forme active dans *E. coli* (Tsuboi et al., 2003; Vinetz et al., 1999; Vinetz et al., 2000). Il a été démontré d'une part que les parasites transgéniques dans lesquels le gène *PfCHT1* a été inactivé perdent la capacité de former des oocystes chez *An. freeborni* (Tsai et al., 2001) et d'autre part que des anticorps dirigés contre PfCHT1 ou PgCHT1 (chitinase de *P. gallinaceum*) sont capables d'inhiber le développement des oocystes de *P. gallinaceum* chez *Ae. aegypti*, ce qui fait de cette chitinase un candidat potentiel de vaccin bloquant la transmission (Langer et al., 2002; Li et al., 2002; Li et al., 2004; Tsai et al., 2001).

Une autre protéine présente dans les micronèmes de l'ookinète, la protéine CTRP, est impliquée dans la pénétration des ookinètes à travers l'épithélium intestinal du moustique. En effet, il a été démontré que les parasites transgéniques dans lesquels le gène *CTRP* a été inactivé forment des ookinètes qui ont une motilité réduite et qui sont incapables de pénétrer dans l'épithélium intestinal (Dessens et al., 1999; Templeton et al., 2000; Yuda et al., 1999). Cette protéine pourrait être une molécule d'adhésion nécessaire au mouvement de l'ookinète et à son association avec la lame basale de l'épithélium intestinal (Limviroj et al., 2002). Une étude récente démontre l'efficacité d'anticorps anti-CTRP pour réduire significativement le développement de *P. gallinaceum* chez *Ae. aegypti* (Li et al., 2004). Cette même étude rapporte que les anticorps dirigés contre une autre protéine des micronèmes, la protéine WARP, peuvent réduire l'infectivité de *P. gallinaceum* et de *P. falciparum* pour leurs vecteurs respectifs, *Ae. aegypti* et *An. gambiae*.

2. Les cibles antigéniques du moustique

Parmi les stratégies vaccinales visant à bloquer la transmission du parasite, une approche alternative à celle ciblant des antigènes parasitaires consiste à utiliser des antigènes cibles chez le moustique. Cette approche est encouragée par la mise en évidence de l'existence de molécules du moustique impliquées directement ou indirectement dans le développement du parasite chez son vecteur. Un vaccin ciblant des molécules du moustique peut présenter divers avantages. D'une part, un tel vaccin pourrait permettre de bloquer la transmission de différentes espèces de *Plasmodium*. D'autre part, comme c'est le cas pour les antigènes parasitaires post-fécondation, le risque de variation antigénique est faible, car les antigènes de moustiques ne sont pas soumis à la pression sélective du système immunitaire de l'hôte vertébré. Enfin, des anticorps pouvant inhiber le développement sporogonique du parasite peuvent également présenter un effet cumulatif en affectant la survie ou la fécondité des moustiques, ce qui réduit par conséquent leur capacité vectorielle. Les cibles antigéniques envisagées à ce jour sont des composants du tube digestif et des glandes salivaires de l'insecte, qui sont les deux organes constituant les barrières que le parasite doit franchir chez le moustique.

Le tube digestif étant le premier site d'interaction entre le parasite et le moustique et cet organe étant à priori le plus accessible aux anticorps, la majorité des essais de vaccination ont été réalisés avec des homogénats ou des protéines purifiées de tubes digestifs de moustique. Plusieurs études ont démontré que des anticorps polyclonaux dirigés contre des homogénats de tubes digestifs de moustique pouvaient inhiber le développement sporogonique de *P. berghei* ou de *P. vivax* (Lal et al., 1994; Ramasamy and Ramasamy, 1990; Srikrishnaraj et al., 1995). Dans ces études, seule une inhibition du développement du parasite a été observée et non un blocage total de la transmission. Ce n'est qu'en 2001 que Lal *et al.* ont rapporté une efficacité de blocage de la transmission presque complète avec des anticorps monoclonaux dirigés contre des homogénats de tubes digestifs de moustique. En effet, ces anticorps bloquent le passage des ookinètes de *P. falciparum* et de *P. vivax* à travers l'épithélium digestif de plusieurs espèces d'*Anopheles* (Lal et al., 2001). Ces anticorps affectent également la survie et la fécondité des anophèles. On suppose que leur mode d'action consisterait à bloquer l'interaction entre les ookinètes et des sites spécifiques du tube digestif de l'insecte. Il a été proposé que les sucres N-acétylglucosamine et N-acétylgalactosamine, présents sur la matrice péritrophique ou sur les microvilli de l'épithélium digestif, pourraient constituer de tels sites d'interaction (Billingsley, 1994; Rudin and Hecker, 1989; Wilkins and Billingsley, 2001). Cette hypothèse est soutenue par le fait que l'ingestion de chitotriose, qui est un trimère de N-acétylglucosamine, ou d'anticorps dirigés contre des glycoprotéines purifiées de tube digestif réduisent l'infectivité de *Plasmodium* chez le moustique *An. tesselatus* (Ramasamy et al., 1997). Plus récemment, il a été démontré que le blocage complet du développement de *P. yoelii* chez *An. stephensi* pouvait être induit par un anticorps reconnaissant des chaînes oligosaccharidiques à la surface des cellules intestinales, confirmant ainsi l'importance du rôle des glycoprotéines dans les interactions entre le parasite et le tube digestif du moustique (Dinglasan et al., 2003). Lorsque ces glycoprotéines auront été identifiées, elles pourront constituer de nouvelles cibles de blocage de la transmission.

À l'heure actuelle, la seule molécule de moustique identifiée pouvant potentiellement constituer une telle cible est la trypsine. En effet, on sait depuis une vingtaine d'années que des inhibiteurs de trypsine peuvent bloquer la formation des oocystes de *P. gallinaceum* chez *Ae. aegypti* (Rosenberg et al., 1984). Alors que l'hypothèse proposée à l'époque était que la trypsine, par inactivation du complément, empêchait la lyse des ookinètes, les travaux de Shahabuddin *et al.* publiés en 1995 et 1996 ont démontré que les inhibiteurs de trypsine bloquaient la traversée de la matrice péritrophique par les ookinètes, probablement en inhibant l'activation par la trypsine de la prochitinase du parasite impliquée dans cette traversée. En effet, alors que la présence d'inhibiteurs de trypsine ou d'anticorps anti-trypsine dans le repas infectant bloquent le développement du parasite, ce blocage est levé par l'addition au repas d'une chitinase exogène (Shahabuddin et al., 1995; Shahabuddin et al., 1996). Toutefois, l'utilisation de la trypsine comme cible de blocage de la transmission est controversée, car il a été démontré que les inhibiteurs de trypsine, bien qu'ayant la capacité d'inhiber le développement de *P. falciparum* chez *An. tesselatus*, pouvaient au contraire augmenter l'infectivité de *P. vivax* chez ce même moustique (Ramasamy et al., 1996).

Enfin, les molécules composant les glandes salivaires peuvent également constituer des cibles de blocage de la transmission. En effet, en injectant dans le thorax d'*Ae. aegypti* des sporozoïtes de *P. gallinaceum* avec des anticorps reconnaissant des antigènes de glandes salivaires, Barreau *et al.* ont observé que les anticorps étaient capables d'inhiber l'invasion des glandes par les sporozoïtes, probablement en interférant avec une interaction de type ligand - récepteur (Barreau et al., 1995). De plus, des anticorps monoclonaux dirigés contre une protéine non identifiée de glandes salivaires, lorsqu'ils sont ingérés par *An. gambiae* le dixième jour de son infection par *P. yoelii* , sont capables de traverser l'épithélium du tube digestif pour atteindre les glandes salivaires et d'inhiber l'invasion des sporozoïtes (Brennan et al., 2000).

3. *Perspectives d'application*

Un vaccin anti-transmission présente certains avantages qui lui sont spécifiques. Contrairement aux vaccins dirigés contre les autres stades parasitaires, ce type de vaccin n'a pas pour but de prévenir directement le sujet vacciné de l'infection, ni d'agir directement sur la diminution de sa charge parasitaire ou sur les symptômes de la maladie, cependant il peut agir indirectement sur ces trois aspects en limitant la transmission et donc la propagation du parasite (Kaslow, 1997). Un tel vaccin peut également contribuer à empêcher la propagation de parasites pharmaco-résistants et, s'il est combiné avec des vaccins anti-stades érythrocytaires et anti-stades hépatiques, empêcher la propagation de souches résistantes aux vaccins dirigés contre les autres stades parasitaires. De plus, les antigènes du moustique ou des stades sexués du parasite ne rencontrant pas le système immunitaire de l'hôte vertébré, ces antigènes sont généralement très immunogènes et ne sont soumis à aucune pression sélective immunitaire susceptible de provoquer une sélection de variants alléliques. D'autre part, un vaccin anti-transmission peut empêcher des voyageurs porteurs du parasite de le réintroduire dans une zone où la maladie a été éradiquée. Enfin, même avec une couverture partielle de vaccination, un tel vaccin pourrait stopper la transmission du parasite dans les zones de faible endémicité (Carter et al., 2000; Saul, 1993). La capacité de dispersion des *Anopheles* étant limitée à quelques centaines de mètres dans la nature, certaines communautés pourraient être ainsi protégées par des campagnes de vaccination locales.

Cette stratégie vaccinale présente cependant quelques faiblesses. Contrairement aux vaccins classiques, l'immunité des sujets vaccinés contre les antigènes parasitaires post-fécondation ou contre les antigènes du moustique n'est pas stimulée par une nouvelle infection parasitaire. Par conséquent, en l'absence d'une nouvelle immunisation, cette immunité risque d'être trop faible au moment d'une nouvelle infection pour bloquer la transmission du parasite au moustique. Il s'avère donc nécessaire de développer des formulations vaccinales produisant une protection prolongée. D'autre part, au même titre que les autres stratégies de contrôle de la transmission vectorielle, l'intérêt de l'utilisation d'un tel vaccin dans les zones de forte transmission du paludisme est remis en cause. En effet, une diminution de la transmission du parasite dans ces zones ne serait pas suffisante pour réduire la mortalité et la morbidité due au paludisme (Trape et al., 2002; Trape and Rogier, 1996). Cette stratégie vaccinale n'est donc envisageable que dans des zones de faible transmission, comme les régions semi-arides, montagneuses ou urbaines, dans lesquelles les habitants présentent une faible immunité naturelle contre le paludisme associée à un haut risque de mortalité due à cette maladie. Par ailleurs, il semble éthiquement difficile de faire accepter aux populations un programme de vaccination ne les protégeant pas directement. Toutefois, l'utilisation de formulations vaccinales associant une cible anti-transmission à des cibles dirigées contre les stades érythrocytaires ou hépatiques pourrait résoudre ces problèmes. Enfin, un des problèmes majeurs rencontrés pour le développement d'une telle stratégie vaccinale est le manque d'intérêt commercial qu'elle présente. Alors qu'un intérêt important est porté sur les candidats vaccinaux dirigés contre les stades érythrocytaires et hépatiques du parasite, qui pourraient être utilisés par les militaires et les touristes des pays développés, l'utilisation d'un vaccin anti-transmission concerne uniquement les pays pauvres où le paludisme est endémique (Carter et al., 2000).

B. Une stratégie génétique: les moustiques modifiés

Depuis que l'on connaît mieux les interactions intervenant entre *Plasmodium* et son vecteur d'un point de vue biologique et génétique, il s'est développé un intérêt croissant pour modifier le génome des moustiques, ce qui permettrait l'utilisation de moustiques transgéniques dans le cadre d'une lutte anti-vectorielle. Le but d'une telle stratégie est de remplacer les populations naturelles de vecteurs par des populations de moustiques dans lesquels le développement de *Plasmodium* serait interrompu. La réussite de ce défi dépend de trois facteurs : l'identification de gènes intervenant dans le développement du parasite, l'insertion de ces gènes dans le génome des moustiques et, enfin, l'introduction de ces gènes et leur transmissibilité dans les populations naturelles de moustiques (Phillips, 2001).

1. Les outils génétiques

Pour incorporer de nouveaux gènes dans le génome du moustique ou pour contrôler l'expression de gènes préexistant qui interviennent dans le développement du parasite, le développement de nouveaux outils génétiques est nécessaire. Les avancées spectaculaires observées ces dernières années dans ce domaine sont très encourageantes quant à l'application d'une telle stratégie.

a. La transgenèse

La transgenèse, c'est-à-dire l'introduction d'un fragment d'ADN exogène dans le génome d'un organisme, peut être envisagée selon deux approches : la recombinaison homologue, qui présente l'avantage de pouvoir cibler précisément les sites d'insertion dans le génome, ou l'introduction d'un gène à l'aide d'éléments transposables par intégration aléatoire dans le génome. La recombinaison homologue, qui permet de substituer un gène, de l'inactiver, de le mutagénéiser, ou d'introduire un nouveau gène dans le génome, a été testée sur des cultures de cellules de moustiques (Eggleston and Zhao, 2001). Cependant, cette approche n'est pas encore validée *in vivo*. Par contre, l'introduction de gènes par des éléments transposables a été réalisée avec succès chez *An. stephensi*, chez *An. gambiae* et chez *An. albimanus* (Catteruccia, 2000; Grossman et al., 2001; Perera et al., 2002). Pour cela, des embryons de moustiques sont injectés avec un plasmide contenant des éléments transposables (*Minos* ou *PiggyBac*) encadrant un gène d'intérêt et un gène rapporteur sous contrôle d'un promoteur d'expression. Le choix du promoteur est très important pour pouvoir contrôler l'expression de gènes ainsi insérés dans des organes du moustique qui sont en contact avec le parasite. Plusieurs promoteurs présentant un profil d'expression spatio-temporel adéquat ont été caractérisés, comme ceux des gènes d'une carboxypeptidase ou d'une protéine de la matrice péritrophique, qui sont exprimés spécifiquement dans le tube digestif en réponse à un repas sanguin (Edwards et al., 1997; Edwards et al., 2000; Moreira et al., 2000; Shen and Jacobs-Lorena, 1998). L'utilisation de tels promoteurs peut donc provoquer la surexpression de gènes dont les produits pourraient interférer avec les stades sporogoniques précoces du parasite. Ainsi, l'introduction de gènes codant pour une phospholipase A2 d'abeille ou pour le peptide SM1, associés à ces promoteurs, a été réalisée chez *An. stephensi*, provoquant une forte inhibition du développement de *P. berghei* chez ces moustiques génétiquement modifiés (Ito et al., 2002; Moreira et al., 2002). Plus récemment, une étude a rapporté une inhibition du développement de *P. berghei* chez une lignée transgénique d'*An. gambiae* surexprimant un gène de cécropine sous le contrôle d'un promoteur de carboxypeptidase (Kim et al., 2004). D'autres promoteurs, contrôlant l'expression de gènes dans l'hémocoele ou dans les glandes salivaires, comme ceux de la vitellogénine, de l'apyrase ou de la maltase-I, peuvent également être utilisés pour contrôler l'expression de gènes interagissant avec les stades plus tardifs du développement parasitaire (Coates et al., 1999; Kokoza et al., 2000).

b. L'interférence à ARN

Associée à la transgenèse, l'interférence à ARN (RNAi) peut constituer un outil génétique permettant de contrôler l'expression de gènes d'intérêt chez des moustiques modifiés. Le RNAi est un processus biologique présent chez un grand nombre d'organismes qui a été décrit à la fin des années 1990 (Fire et al., 1998; Sharp, 2001). Sa fonction serait de contrôler l'expression aléatoire d'éléments transposables ou de séquences répétées. Ce processus est basé sur la reconnaissance d'ARN double brin par une protéine, nommée Dicer, qui est capable de segmenter l'ARN en petits fragments d'une vingtaine de paires de bases. Ces fragments d'ARN interférant sont alors capables de provoquer l'arrêt de la traduction ou la destruction des brins d'ARN messagers pour lesquels ils sont complémentaires par l'intermédiaire d'un complexe protéique appelé RISC (RNA-Induced Silencing Complex) (Hoa et al., 2003; Tijsterman et al., 2004). L'application de ces connaissances a conduit à créer un nouvel outil de génétique inverse consistant à injecter des ARN double brin dans un organisme, permettant ainsi d'inactiver spécifiquement des gènes d'intérêt. Cet outil a d'abord été utilisé chez *An. gambiae* pour inactiver le gène TEP-1 dans des cultures de cellules, puis pour inactiver plusieurs gènes impliqués dans l'immunité chez le moustique adulte (Blandin et al., 2002; Blandin et al., 2004; Levashina et al., 2001; Osta et al., 2004). L'association du RNAi et de la transgenèse a permis d'insérer chez le moustique un transgène exprimant des ARN double brin, permettant ainsi de produire une inactivation génique stable et héréditaire chez *An. stephensi* (Brown et al., 2003).

c. La paratransgenèse

La paratransgenèse, c'est-à-dire la manipulation génétique de bactéries commensales ou symbiotiques du moustique, peut constituer un outil alternatif pour affecter la compétence vectorielle des anophèles. Cette stratégie, basée sur la surexpression par les bactéries de protéines capables de bloquer le développement du parasite chez le vecteur, a été testée chez *An. stephensi*. En effet, chez ce moustique, l'ingestion de bactéries exprimant un anticorps contre la protéine de surface parasitaire Pbs21 peut provoquer une forte inhibition de la formation des oocystes de *P. berghei* (Yoshida et al., 2001).

2. La transmissibilité des gènes dans les populations de moustiques

L'objectif ultime de la production de moustiques génétiquement modifiés consiste à introduire ces moustiques au sein d'une population naturelle. Le succès d'une telle introduction est dépendant de deux facteurs : d'une part, la modification génétique ne doit pas constituer un désavantage sélectif important pour le moustique et, d'autre part, cette modification doit être accompagnée d'un mécanisme d'invasion permettant au transgène de coloniser les populations naturelles.

a. La valeur sélective des moustiques génétiquement modifiés

Afin d'éviter une élimination de la population de moustiques transgéniques par des mécanismes de sélection naturelle, il est nécessaire de considérer la valeur sélective des moustiques modifiés par rapport à celle de la population naturelle. La valeur sélective, encore appelée fitness, peut être mesurée à l'aide de plusieurs critères tels que le taux de survie des moustiques, leur fécondité ou leur fertilité (Moreira et al., 2004). L'insertion de gènes limitant le développement sporogonique de *Plasmodium* pourrait conférer un avantage sélectif aux moustiques, car il a été démontré que l'infection par le parasite provoquait chez le moustique une mortalité plus importante ainsi qu'une modification de son comportement pour rechercher un repas de sang (Hogg and Hurd, 1995a; Hogg and Hurd, 1995b; Hogg and Hurd, 1997; Koella and Sorense, 2002). Cependant, l'introduction de nouveaux gènes dans le génome du moustique peut également provoquer une baisse de fitness importante. En effet, l'utilisation d'éléments transposables, qui s'intègrent de façon aléatoire dans le génome, peut provoquer des mutations qui pourraient diminuer la fécondité ou s'avérer létales pour le moustique. De plus, l'utilisation de certains promoteurs d'expression présentant un profil d'expression ubiquitaire peut provoquer une baisse de fitness pour les moustiques modifiés (Riehle et al., 2003). Enfin, la nature du transgène, et par conséquent la nature de l'activité de son produit, semblent également intervenir dans la modification de la fitness du moustique (Moreira et al., 2004). Toutefois, de récents modèles mathématiques proposent que l'absence totale de coût de la résistance n'est pas requise pour l'introduction de gènes dans une population naturelle, le succès d'une telle introduction dépendant surtout des mécanismes d'invasion utilisés (Boete and Koella, 2002; Boete et al., 2003).

b. Les mécanismes d'invasion du transgène dans les populations naturelles

Pour permettre à un gène de résistance d'envahir les populations naturelles de moustiques, plusieurs stratégies peuvent être envisagées. Une première stratégie consiste à réduire de façon significative la population naturelle à l'aide d'insecticides, puis à introduire un grand nombre de moustiques transgéniques qui pourraient alors occuper la niche écologique laissée vacante. Cependant, bien que cette stratégie permettrait de tester la capacité vectorielle des moustiques modifiés dans une zone de petite envergure, elle est difficilement applicable à grande échelle. Il s'avère donc nécessaire d'utiliser des mécanismes d'invasion génétique suffisamment efficaces, c'est-à-dire permettant au transgène d'être transmis au sein de la population avec une probabilité supérieure à celle de la ségrégation mendélienne (Boete et al., 2003). Les éléments transposables pourraient constituer de tels mécanismes. En effet, il a été montré que l'élément P, absent du génome de *Drosophila melanogaster* jusqu'aux années 1950, a été introduit par transfert horizontal et est actuellement présent dans toutes les populations naturelles de cette espèce cosmopolite (Anxolabehere et al., 1988). Cependant, un tel potentiel doit encore être déterminé pour les éléments transposables utilisés chez le moustique. D'autres mécanismes d'invasion ont été proposés, tels que l'utilisation de bactéries symbiotiques du genre *Wolbachia* qui peuvent être transmises par voie transovarienne et qui confèrent un avantage sélectif aux insectes infectés par ces bactéries (Riehle et al., 2003; Turelli and Hoffmann, 1999).

C. A la recherche de nouvelles cibles de blocage de la transmission

Comme il a été présenté dans les précédents chapitres, plusieurs molécules intervenant dans les interactions entre *Plasmodium* et *Anopheles* ont été identifiées. Ces molécules, qu'elles soient parasitaires, telles que les antigènes de surface et les protéines sécrétées par les micronèmes, ou qu'elles proviennent du moustique, comme les enzymes digestives et les molécules impliquées dans l'immunité de l'insecte, pourraient constituer d'excellentes cibles de blocage de la transmission de *Plasmodium*. D'ailleurs, l'exemple de l'utilisation de la protéine Pfs25 comme cible vaccinale anti-transmission, ou celui de la surexpression de la cécropine par des moustiques transgéniques, sont très encourageants. Cependant, face à l'urgence de la situation épidémiologique, et considérant l'aptitude de *Plasmodium* à devenir rapidement résistant aux différentes "armes moléculaires" développées contre lui, il semble indispensable d'identifier de nouvelles cibles de blocage de la transmission. Pour atteindre cet objectif, plusieurs équipes de recherche ont développé différentes stratégies, basées 1) sur la sélection et l'analyse de souches d'anophèles réfractaires, 2) sur la sélection de gènes de moustique ou de parasite dont l'expression est régulée au cours du développement sporogonique de *Plasmodium*, et 3) sur la sélection de "gènes candidats" après analyse des génomes d'*An. gambiae* et de *P. falciparum*.

1) Les techniques de génétique classique de croisements de souches d'anophèles ont permis la sélection de traits de caractères conférant une résistance à l'infection par *Plasmodium*, permettant ainsi de créer des souches d'anophèles réfractaires. Ainsi, une souche d'*An. gambiae* a été sélectionnée pour son caractère totalement réfractaire à *P. cynomologi* et partiellement réfractaire à *P. falciparum* et *P. vivax* (Collins et al., 1986). La localisation chromosomique des gènes impliqués dans ce phénomène a montré que différents QTLs (loci conférant un trait de caractère quantitatif) étaient responsables du caractère réfractaire de cette souche d'anophèle (Zheng et al., 2003; Zheng et al., 1997). Quelques-uns des mécanismes de cette résistance ont été identifiés et pourraient permettre de sélectionner les gènes contrôlant ces processus anti-parasitaires (Paskewitz et al., 1998).

2) Le développement de nouvelles techniques de biologie moléculaire a permis l'identification de nouveaux gènes, du moustique ou du parasite, régulés au cours du développement sporogonique de *Plasmodium*. Par exemple, la technique de "differential display", dont le principe est de sélectionner des ARN messagers dont l'abondance diffère entre deux échantillons, a permis d'identifier chez *An. gambiae* un gène codant pour nouveau peptide anti-microbien (Vizioli et al., 2001b), ainsi que des gènes dont l'expression est régulée par la présence de *P. falciparum* dans ce repas (Bonnet et al., 2001). Plusieurs gènes induits au cours de la gamétogenèse chez *P. falciparum* ont également été identifiés par cette technique (Cui et al., 2001). Un autre exemple est celui de l'hybridation soustractive, technique également basée sur la sélection de gènes différentiellement exprimés, qui a permis d'identifier plusieurs gènes d'*An gambiae* codant pour des sérine protéases dont l'expression est régulée par la présence de bactéries ou de parasites (Oduol et al., 2000). Plus récemment, cette technique a été employée pour sélectionner plusieurs gènes de *P. berghei* et d'*An. stephensi* spécifiquement exprimés pendant l'invasion de l'épithélium digestif par le parasite et pendant la différenciation des oocystes (Abraham et al., 2004; Srinivasan et al., 2004). L'analyse du transcriptome d'*An. gambiae* a également été réalisée par la technique des "microarrays", qui a permis d'identifier plusieurs gènes impliqués dans la réponse immunitaire du moustique (Dimopoulos et al., 2002). D'autre part, la technique de "phage display", qui peut permettre de sélectionner des séquences protéiques impliquées dans des interactions de type ligand-récepteur, a conduit à l'identification d'un peptide, nommé SM1, qui reconnaît spécifiquement l'épithélium du tube digestif et des glandes salivaires d'anophèles (Ghosh et al., 2001). Ce peptide, qui s'est avéré être capable de bloquer le développement de *Plasmodium* lorsqu'il était surexprimé par des moustiques transgéniques, pourrait permettre d'identifier les molécules du moustique tenant lieu de récepteur pour le parasite (Ito et al., 2002).

3) Enfin, le séquençage complet des génomes des trois principaux protagonistes du paludisme – *Homo sapiens*, *Anopheles gambiae* et *Plasmodium falciparum* – devrait accélérer la recherche de nouvelles cibles. En effet, les données issues du séquençage de ces génomes

permettent à l'heure actuelle d'identifier des "gènes candidats" pouvant constituer de nouvelles cibles de blocage de la transmission du parasite. Par exemple, une étude récente, basée sur l'identification de gènes spécifiquement exprimés chez les stades sexués de *P. falciparum* qui codent pour des protéines contenant des domaines d'adhésion, a permis d'identifier les gènes *PfCCps* (Pradel et al., 2004). L'inactivation de ces gènes ayant démontré que les protéines PfCCps sont essentielles au développement de *P. falciparum* chez le moustique, ces protéines constituent de nouvelles cibles potentielles de blocage de la transmission du parasite.

V. Présentation du travail de thèse

L'isolement et la caractérisation de molécules d'*Anopheles* intervenant dans le développement sporogonique de *Plasmodium*, que ce soit pour le limiter ou pour le faciliter, sont indispensables à la mise en place de stratégies de blocage de la transmission du parasite. C'est dans cette optique qu'ont été réalisés les travaux présentés dans ce mémoire de thèse. Notre étude a fait suite à de précédents travaux, réalisés dans le même laboratoire, qui correspondaient au premier criblage de gènes réalisé sur le système naturel *An. gambiae - P. falciparum* (Bonnet et al., 2001). Ces travaux avaient permis d'isoler par la technique de "differential display" plusieurs transcrits d'*An. gambiae* dont l'expression dans le tube digestif est régulée par la présence de *P. falciparum* dans le repas de sang de l'insecte. Nous nous sommes particulièrement intéressés à six transcrits, parmi les douze sélectionnés, dont l'expression était régulée par la présence de gamétocytes dans le repas de sang du moustique. Les gamétocytes étant les seules formes du parasite se développant chez le moustique, ces transcrits pourraient coder pour des molécules impliquées dans le développement sporogonique de *Plasmodium*. Nous avons également travaillé sur un septième transcrit, dont la surexpression en présence de formes asexuées du parasite dans le repas de sang peut suggérer un rôle de la protéine codée dans la réponse immunitaire de l'insecte. Caractériser de telles molécules sur les plans moléculaires et biochimiques, analyser leur régulation au cours du développement du parasite ainsi que leur implication dans ce développement, sont autant de voies qui pourraient orienter leur application en tant que cibles potentielles de blocage de la transmission.

L'ensemble de nos travaux sont présentés sous forme d'articles et de manuscrits. Un préambule rapporte l'isolement dans leur intégralité des sept transcrits sélectionnés par la technique de "differential display", ce qui a conduit, après étude de leurs homologies avec les séquences présentes dans les banques de données, à la sélection du gène *cpbAg1*, codant pour une carboxypeptidase B. Le premier chapitre porte sur la caractérisation moléculaire et biochimique de cette carboxypeptidase B. De plus, il porte sur l'analyse d'une famille de carboxypeptidases dont l'existence est suggérée par l'annotation du génome d'*An. gambiae* ainsi que sur l'identification d'une seconde carboxypeptidase B (CPBAg2) exprimée dans le tube digestif d'*An. gambiae*.

Article 1 : Lavazec C., Bonnet S., Thiery I., Boisson B., Bourgouin C. (2004). *cpbAg1* encodes an active carboxypeptidase B expressed in the midgut of *Anopheles gambiae*.

Le second chapitre décrit l'analyse de la régulation des gènes *cpbAg1* et *cpbAg2* et l'analyse de l'activité carboxypeptidase B dans le tube digestif d'*An. gambiae* en présence de *Plasmodium*, ainsi que l'étude du rôle de cette activité enzymatique dans le développement de *P. falciparum*.

Manuscrit 2 : Lavazec C., Tahar R., Boudin C., Thiery I., Bonnet S., Bourgouin C. (2004). The development of *Plasmodium falciparum* in *Anopheles gambiae* midgut is modulated by the mosquito carboxypeptidase B activity.

Enfin, le dernier chapitre porte sur l'analyse du potentiel de la protéine recombinante CPBAg1 à constituer une nouvelle cible pour un vaccin bloquant la transmission de *Plasmodium*.

Manuscrit 3 : Lavazec C., Bonnet S., Thiberge S., Tahar R., Bourgouin C. (2004). CPBAg1 elicits *Plasmodium* transmission-blocking antibodies in mice.

Résultats

Préambule :
Sélection d'un gène d'*Anopheles gambiae* dont l'expression est régulée par la présence de *Plasmodium falciparum*

1. Sélection de sept gènes résultant de l'analyse par "differential display"

Une précédente analyse menée au laboratoire par la technique de "differential display" a permis de sélectionner douze gènes d'*An. gambiae* dont l'expression dans le tube digestif est régulée par la présence de gamétocytes ou de formes asexuées de *P. falciparum* dans le repas de sang du moustique. Cette sélection a été réalisée sur des gènes régulés 14 heures après le repas de sang, c'est-à-dire lorsque le parasite se transforme en ookinète. Du fait de la méthodologie du "differential display", seuls des fragments de transcrits de petite taille et correspondant à la région 3' des ADNc ont été sélectionnés. Seulement deux d'entre eux présentaient à l'époque des homologies avec des séquences codant pour des protéines caractérisées et présentes dans les banques de données (Tableau 1).

Code	amplicons taille (pb)	Homologies	p
8P1	267	protéine fonction inconnue *D.melanogaster*	3.5 e-10
17P1	359	aucune	–
20P2b	862	gène trypsine1 *An. gambiae*	0
23P2	269	aucune	–
24P2	172	aucune	–
34P2	387	gène profiline *D.melanogaster*	5.7e-20
36P2	180	aucune	–
14Yde	421	aucune	–
55Yde	170	aucune	–
58Yde	145	aucune	–
67Yde	228	gène fonction inconnue *An. gambiae*	7e-44
70Yde	97	aucune	–

Tableau 1 : Homologies de séquence pour les 12 ADNc sélectionnés par la technique de "differential dsplay" (D'après Bonnet *et al*, 2001)

L'expression de ces gènes par rapport à un gène de référence (le gène de l'actine) a ensuite été analysée par RT-PCR semi-quantitative, à différents temps après un repas de sang contenant des globules rouges parasités par *Plasmodium falciparum* (Figure 6). Sur la base des résultats de cette analyse, nous avons sélectionné sept transcrits présentant différents profils d'expression :

- les gènes *58Yde*, *67Yde* et *70Yde* ont été sélectionnés sur la base de leur surexpression spécifique à la présence de gamétocytes, 14 heures après le repas de sang.

- les gènes *14Yde* et *34P2* ont été sélectionnés sur la base de leur surexpression dépendant de la présence à la fois de gamétocytes et de formes asexuées du parasite, 14 heures ou 24 heures après le repas.

- le gène *55Yde* a été sélectionné sur la base de sa répression spécifique à la présence de gamétocytes 14 heures après le repas.

- le gène *23P2* a été sélectionné sur la base de sa surexpression spécifique à la présence de formes asexuées 18 heures et 24 heures après le repas.

Pour isoler ces ADNc dans leur intégralité, nous avons utilisé la technique de 5'RACE (Rapid Amplification of cDNA Ends) afin d'identifier l'extrémité 5' manquante sur les sept fragments de transcrits sélectionnés. Le principe de cette technique consiste à sélectionner puis à amplifier spécifiquement les ARN messagers entiers à partir d'un extrait d'ARN total, par des étapes successives de déphosphorylation, de ligation, de transcription inverse et d'amplification. Nous avons amplifié, cloné et caractérisé la séquence de six ADNc à partir d'un extrait d'ARN total de moustiques femelles non gorgées. Le septième ADNc (*70Yde*) n'a pas pu être amplifié avec succès.

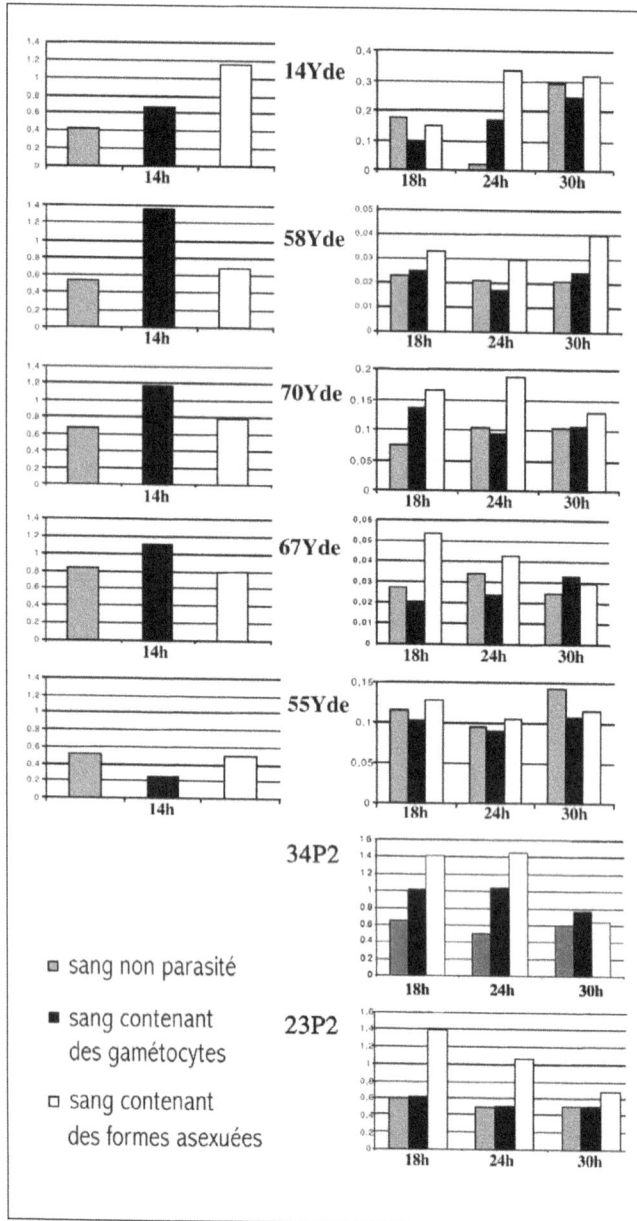

Figure 6 : Profils d'expression des sept gènes sélectionnés par differential display (D'après Bonnet *et al.*, 2001)

2. Recherche d'homologies de séquence

Afin d'attribuer une fonction putative aux protéines potentiellement codées par ces ADNc, nous avons effectué une recherche d'homologies dans les banques de données (Tableau 2). Cinq séquences présentent des homologies avec des protéines caractérisées de différents organismes. Aucune homologie n'a été trouvée pour la séquence *67Yde*, suggérant que ce gène code pour une protéine dont la fonction n'a pas encore été déterminée. Le gène *23P2* code pour une protéine similaire à la protéine GILT (gamma -interferon-inducible lysosomal thiol reductase), qui est une enzyme de la famille des thioredoxines intervenant chez l'Homme au niveau du complexe majeur d'histocompatibilité de classe 2. De par cette homologie, une implication du produit du gène *23P2* dans la réponse immunitaire de l'insecte contre le parasite est envisageable. D'autre part, trois gènes sélectionnés codent pour des protéines présentant des homologies avec des protéines impliquées dans la signalisation cellulaire chez la drosophile : une rexine (*14Yde*), une kinase (*58Yde*) et une profiline (*34P2*). On peut supposer que leurs orthologues chez le moustique participent à la transduction d'un signal en réponse à la présence du parasite. Enfin, le gène *55Yde* code pour une protéine présentant de fortes similarités avec une carboxypeptidase de rat ainsi qu'avec des carboxypeptidases de différents organismes. Les carboxypeptidases précédemment décrites chez des insectes sont essentiellement impliquées dans la digestion, ce qui suggère que la protéine codée par le gène *55Yde* est impliquée dans un tel processus.

ADNc	taille (pb)	Homologies	p
14Yde	1867	rexine *D. melanogaster*	1e-124
55Yde	1471	carboxypeptidase A1 *R.norvegicus*	2e-59
58Yde	740	kinase phosphorylase B *D. melanogaster*	1e-36
67Yde	550	aucune	-
70Yde	nd	-	-
23P2	1256	GILT (gamma-interferon-inductible thiol reductase) *H. sapiens*	3e-11
34P2	300	profiline *D. melanogaster*	2e-13

Tableau 2 : Homologies de séquence pour les protéines putatives codées par les sept ADNc sélectionnés

3. Sélection du gène 55Yde

Comme il a été présenté dans l'introduction de ce manuscrit, *Plasmodium,* au cours de son développement sporogonique, interagit principalement avec le système digestif et le système immunitaire du moustique. L'analyse des homologies de séquence révèle que les produits d'au moins deux des sept gènes que nous avons sélectionnés pourraient participer à de telles fonctions biologiques : le gène *23P2* et le gène *55Yde*.

Le gène *23P2*, similaire à un gène intervenant dans le système immunitaire des vertébrés, est surexprimé uniquement en présence de formes asexuées du parasite, et non par la présence de gamétocytes. Bien qu'on puisse évoquer la possibilité d'une répression de la réponse immunitaire du moustique par les gamétocytes, ce qui constituerait alors un mécanisme d'échappement pour les formes invasives du parasite, il est fort probable que l'expression différente du gène en fonction du stade parasitaire reflète une réponse spécifique à la présence de formes asexuées du parasite. Dans ce cas, le produit codé par le gène *23P2* n'interviendrait probablement pas dans le développement du parasite.

Le gène *55Yde* est réprimé spécifiquement en présence de gamétocytes. Cette répression pourrait refléter un mécanisme d'échappement pour les gamétocytes, ce qui suggère que la protéine codée par ce gène est néfaste au développement parasitaire. Les homologies avec des carboxypeptidases suggèrent une implication de cette protéine dans la digestion du repas sanguin du moustique. Plusieurs études ont rapporté que la sécrétion de protéases digestives interagissait avec le développement parasitaire, mais aucune n'a porté sur une potentielle implication des carboxypeptidases dans cette interaction. L'étude du gène *55Yde* et de l'implication de son produit dans l'interaction avec le parasite nous a donc semblé être une approche intéressante pour identifier une cible de blocage du développement parasitaire. Les résultats présentés dans ce manuscrit concernent l'étude de ce gène, que nous avons rebaptisé *cpbAg1* (carboxypeptidase B *Anopheles gambiae* 1).

1ère partie :

Caractérisation d'une carboxypeptidase B d'*Anopheles gambiae*

cpbAg1 code pour une carboxypeptidase B active

Le gène *cpbAg1*, que nous avons cloné et séquencé, correspond à un nouveau gène d'*Anopheles gambiae*. L'analyse bioinformatique de la séquence prédit l'existence d'un cadre ouvert de lecture codant pour une protéine de 423 acides aminés. La séquence codée par ce gène présente de fortes similarités avec celles de métallo-carboxypeptidases d'*An. gambiae*, d'*Ae. aegypti*, de porc, de rat ou d'Homme. La région amino-terminale de cette protéine contient une séquence peptide signal de sécrétion de 19 acides aminés ainsi qu'un peptide d'activation de 95 acides aminés, ce qui correspond à la structure classique des métallo-carboxypeptidases digestives. De plus, en analysant les séquences des carboxypeptidases décrites pour d'autres organismes, nous avons constaté que cette protéine contenait tous les résidus essentiels à la fonction d'une carboxypeptidase de classe B.

Pour caractériser cette protéine, nous avons produit une protéine recombinante dans deux systèmes d'expression différents. Dans un premier temps, nous avons exprimé la protéine fusionnée avec la GST chez *E. coli*. Cette protéine nous a permis, après immunisation chez le lapin, d'obtenir des anticorps polyclonaux. Cependant, nous n'avons pas détecté d'activité enzymatique pour cette protéine recombinante, probablement car le système d'expression bactérien ne permet pas de produire la protéine dans sa conformation fonctionnelle, ou encore car ce système ne contient pas les enzymes nécessaires au clivage du peptide d'activation permettant la maturation de la protéine active. Travaillant sur une protéine d'insecte, il nous a semblé judicieux de produire cette protéine dans un système d'expression en baculovirus / cellules d'insectes, ce qui nous semblait plus approprié pour obtenir la forme active de la protéine. Nous avons pu en effet démontrer que cette protéine recombinante exerce une activité carboxypeptidase B, qui consiste à libérer les résidus arginine et, dans une moindre mesure, les résidus lysine, en position carboxy-terminale des protéines. L'analyse en SDS-PAGE et en western-blot de la protéine purifiée a montré qu'elle est exprimée sous deux formes de masse moléculaire apparente de 37 kDa et 50 kDa. La détermination des acides aminés en position N-terminale par dégradation d'Edman a démontré que ces deux formes correspondent aux formes active et non active de l'enzyme. Ces données ont pu confirmer que le gène *cpbAg1* code pour une carboxypeptidase B, comme ce qui avait été suggéré par l'analyse de sa séquence. Alors que l'existence d'une activité carboxypeptidase B a déjà été démontrée chez d'autres espèces d'insectes, *cpbAg1* correspond au premier gène codant pour une telle enzyme identifié chez les insectes.

cpbAg1 est exprimé dans le tube digestif et régulé après un repas sanguin

Nous avons déterminé par RT-PCR quantitative en temps réel que *cpbAg1* est spécifiquement exprimé dans le tube digestif du moustique. L'expression de *cpbAg1* augmente dans les premiers jours suivant l'émergence de l'insecte, puis la prise d'un repas de sang provoque une chute de la quantité d'ARNm pendant 48 heures après le repas. Une analyse complémentaire, présentée en Figure 7, a montré que le niveau d'expression revient à son niveau pré-gorgement 96 heures après le repas, et que la prise d'un second repas de sang provoque à nouveau une chute de la quantité d'ARNm (Figure 7). Le profil d'expression de *cpbAg1* à la suite d'un repas de sang est très similaire à celui des trypsines précoces. Pour les trypsines précoces, il a été démontré que cette chute du niveau d'expression correspondait à une traduction rapide des ARNm en protéines actives dès les premières heures de la digestion du sang (Noriega and Wells, 1999). Ces observations permettent de proposer que CPBAg1 est impliquée dans la digestion du sang par le moustique, jouant un rôle complémentaire à celui des trypsines précoces. Cependant, le gène *cpbAg1* étant fortement exprimé dans le tube digestif des mâles ne se nourrissant pas de sang, et au cours du développement larvaire de l'insecte (Figure 8), cette protéine pourrait également jouer un rôle dans d'autres processus physiologiques.

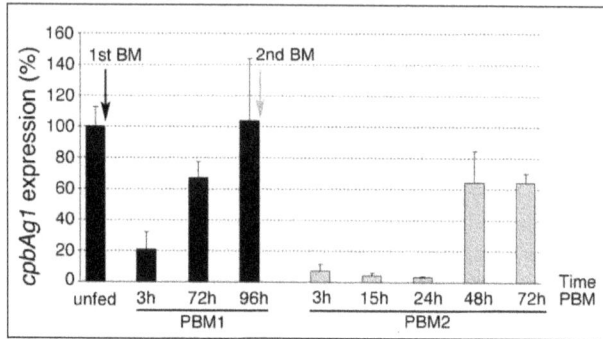

Figure 7 : Analyse de l'expression de *cpbAg1* au cours de deux repas de sang successifs.
BM : repas de sang (blood meal), PBM1 : temps écoulé après le premier repas (post blood meal), PBM2 : temps écoulé après le second repas, unfed : moustiques non gorgés.

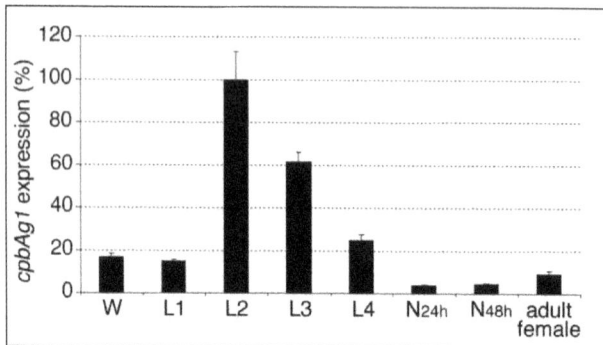

Figure 8 : Analyse de l'expression de *cpbAg1* au cours du développement du moustique.
W : œufs, L1 : premier stade larvaire, L2 : second stade larvaire, L3 : troisième stade larvaire, L4 : quatrième stade larvaire, N24h : nymphes jeunes, N48h : nymphes agées.

cpbAg2, un deuxième gène de carboxypeptidase B exprimé dans le tube digestif

Pour étudier la fonction de CPBAg1 dans la physiologie du moustique, ainsi que son implication dans le développement de *Plasmodium*, il était nécessaire de déterminer préalablement si CPBAg1 est la seule carboxypeptidase B exprimée dans le tube digestif des anophèles femelles. Pour cela, nous avons analysé l'annotation du génome d'*An. gambiae*, qui suggère l'existence d'une famille de gènes codant pour 23 carboxypeptidases. Un seul membre de cette famille, codant pour une carboxypeptidase A, a déjà été décrit (Edwards et al., 1997). En analysant les 23 séquences potentiellement codées par ces gènes et par des expériences de RT-PCR, nous avons déterminé que seulement deux gènes codant pour des carboxypeptidases B sont exprimés dans le tube digestif du moustique : *cpbAg1* et un second gène que nous avons appelé *cpbAg2*.

Au même titre que *cpbAg1*, le gène *cpbAg2* est essentiellement exprimé dans le tube digestif des femelles non gorgées et des mâles (Figure 9). Le ratio d'expression des deux gènes (ratio *cpbAg1* / *cpbAg2* = 1,3) montre qu'ils sont tous deux exprimés à un niveau équivalent dans le tube digestif des femelles non gorgées. Par contre, le profil d'expression du gène *cpbAg2* dans le tube digestif des femelles à la suite d'un repas de sang diffère de celui décrit pour son paralogue *cpbAg1* (Figure 10). En effet, après un repas de sang, le gène *cpbAg2* est surexprimé selon deux phases : le premier pic d'expression est noté entre 3 heures et 6 heures après le repas, et le second pic d'expression est noté à 18 heures.

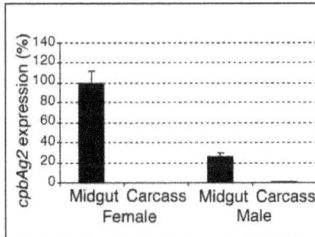

Figure 9 : Analyse de l'expression du gène *cpbAg2* chez moustiques mâles et femelles non gorgées.

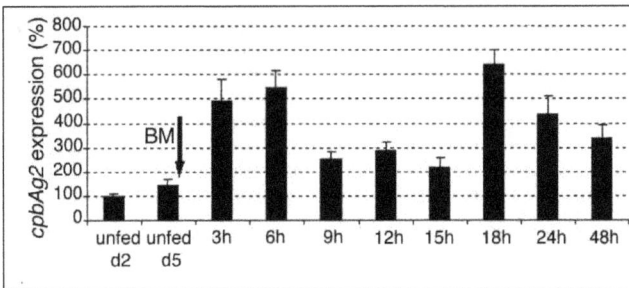

Figure 10 : Effet d'un repas de sang sur l'expression de *cpbAg2* dans le tube digestif des femelles.

En conclusion, nous avons identifié deux carboxypeptidases B exprimées dans le tube digestif d'*An. gambiae* et caractérisé l'activité enzymatique de CPBAg1. Le gène *cpbAg1* ayant été sélectionné sur la base de sa régulation par des gamétocytes *P. falciparum*, la protéine CPBAg1 ainsi que son paralogue CPBAg2 pourraient être impliquées dans le développement sporogonique du parasite chez *An. gambiae*.

Article 1

cpbAg1 encodes an active carboxypeptidase B expressed in the midgut of *Anopheles gambiae*.

Lavazec C., Bonnet S., Thiery I., Boisson B., Bourgouin C.

Accepté dans Insect Molecular Biology (2004).

cpbAg1 **encodes an active carboxypeptidase B expressed in the midgut of *Anopheles gambiae***

LAVAZEC C., BONNET S.[1,2], THIERY I., BOISSON B., BOURGOUIN C.

Unité de Biologie et Génétique du Paludisme, [1] Unité d'Immunologie moléculaire des parasites, Institut Pasteur, 25 Rue du Dr Roux, 75724 Paris, cedex 15, France.

[2]Present address: Ecole Nationale Vétérinaire, UMR ENVN/INRA 1034, Atlanpole-La Chantrerie, B.P. 40706, 44307 Nantes cedex 03, France

Correspondence: C. Bourgouin, cabourg@pasteur.fr, Phone: +33-1-45688224, Fax: +33-1-40613089

Running title: midgut carboxypeptidase from the malaria vector *An. gambiae*

Keywords: *Anopheles gambiae*, carboxypeptidase B, midgut, digestive enzyme, gene family

Abstract

We previously used differential display to identify several *Anopheles gambiae* genes, whose expression in the mosquito midgut was regulated upon ingestion of *Plasmodium falciparum* (Bonnet *et al.*, 2001). Here, we report the characterization of one of these genes, *cpbAg1*, which codes for the first zinc-carboxypeptidase B identified in *An. gambiae* and in any insect. Expression of *cpbAg1* in baculovirus gave rise to an active enzyme and determination of the N-terminal amino acids confirmed that CPBAg1 contains a signal peptide and a pro-peptide, typical features of digestive zinc carboxypeptidases. *cpbAg1* mRNA was mainly produced in the mosquito midgut, where it accumulated in unfed females and was rapidly down-regulated upon blood feeding. Annotation of the *An. gambiae* genome predicts 23 sequences coding for zinc-carboxypeptidases of which only two (*cpbAg1* and *cpbAg2*) are expressed at a significant level in the mosquito midgut.

Introduction

Anopheles gambiae is the main vector of the human malaria parasite, *Plasmodium falciparum*, which causes one of the major health problems in Africa. Malaria parasites are ingested when the mosquito takes a blood meal on an infected host. Therefore, the mosquito midgut is the first site of interaction between *Plasmodium* and its insect host. As ingestion of a blood meal triggers the production of digestive enzymes, their influence on *Plasmodium* development has been investigated in diverse host-parasite systems. For example, it was shown that mosquito derived trypsin damages *Plasmodium* ookinetes *in vitro* (Gass and Yeates, 1979) and perhaps *in vivo* (Gass, 1977). It was also proposed that mosquito trypsin might activate *Plasmodium* chitinase and in doing so, help the parasite to cross the peritrophic matrix, a chitin-rich structure that embeds the blood-meal (Shahabuddin *et al.*, 1995) and constitutes a barrier that the parasite has to cross to pursue its development. Whereas *Anopheles* trypsins, chymotrypsins and aminopeptidases have been extensively studied (Billingsley and Hecker, 1991, Chadee and Beier, 1995, Chege *et al.*, 1996, Jahan *et al.*, 1999, Lemos *et al.*, 1996, Muller *et al.*, 1995, Muller *et al.*, 1993a, Muller *et al.*, 1993b, Shen *et al.*, 2000, Vizioli *et al.*, 2001), only a few reports have examined *Anopheles* carboxypeptidases (Edwards *et al.*, 1997, Jahan *et al.*, 1999, Moskalyk, 1998).

Carboxypeptidases are exopeptidases that remove a single amino acid residue from the C-terminus of proteins or peptides. Digestive carboxypeptidases belong to a family of zinc-containing enzymes (clan MC, family M14, http://merops.sanger.ac.uk/). They are soluble proteins synthesized as inactive precursors containing a 90-95 amino acid N-terminal pro-segment (Aviles *et al.*, 1993, Vendrell *et al.*, 2000). These enzymes can be divided according to their substrate specificity in two classes: carboxypeptidase A enzymes (CPA), which preferentially cleave C-terminal hydrophobic residues, and carboxypeptidase B enzymes (CPB) that cleave the C-terminal basic residues arginine or lysine (Reznik and Fricker, 2001, Skidgel, 1996). This feature is dependent upon the presence of specific residues in the substrate binding pocket, either hydrophobic residue or aspartic acid, respectively (Gardell *et al.*, 1988, Titani *et al.*, 1975). In insect, carboxypeptidase A or B activity have been found in the midgut of diverse species both phytophagous and hematophagous. Recently, Bown *et al.* (Bown and Gatehouse, 2004) characterized a digestive metallo-carboxypeptidase from the pest corn earworm *Helicoverpa armigera* that displays a novel specificity towards glutamate residues that was named carboxypeptidase C. In hematophagous insects, carboxypeptidase A activity is strongly up regulated upon blood feeding and genes encoding digestive carboxypeptidase A have been isolated from *Simulium*, *Aedes* and *Anopheles* (Edwards *et al.*, 1997, Edwards *et al.*, 2000, Noriega *et al.*, 2002, Ramos *et al.*, 1993). Midgut carboxypeptidase B activity has been reported in *Glossina*, *Aedes* and *Anopheles* (Gooding, 1977, Moskalyk, 1998, Noriega *et al.*, 2002) and a gene coding for carboxypeptidase B has been described in *Glossina* (Yan *et al.*, 2002). However, this gene most likely codes for a carboxypeptidase C with specificity towards glutamate residues (Bown and Gatehouse, 2004).

In our quest to identify *An. gambiae* genes expressed in the mosquito midgut that are important for the early development of the human malaria parasite *P. falciparum*, we identified a transcript, whose expression was specifically regulated upon ingestion of gametocytes (invasive stages) of *P. falciparum* (Bonnet *et al.*, 2001). Here, we characterize the corresponding full-length cDNA (*cpbAg1*), whose expression in insect cells gave rise to a zinc-carboxypeptidase B activity. CPBAg1 is the first carboxypeptidase B characterized from insects and interestingly its expression is down-regulated upon blood feeding, thus differentiating it from all haematophagous insect carboxypeptidase genes examined to date. By analyzing the expression pattern of the 22 other carboxypeptidases predicted to belong to the same family as *cpbAg1* in the *An. gambiae* genome, we were able to demonstrate that, in addition to *cpbAg1*, only one other gene harboring signatures for carboxypeptidase B was expressed in the mosquito midgut.

Results

Identification of *cpbAg1*, a novel carboxypeptidase B encoding *An. gambiae* gene

From our previous differential display analysis aimed at identifying *An. gambiae* genes regulated by the *P. falciparum* parasite we isolated the 3' end of a cDNA corresponding to a transcript, named 55Yde, whose expression was down-regulated 14h after ingestion of a gametocyte-containing blood meal(Bonnet *et al.*, 2001). Using a 5'RACE strategy, we isolated the 5' end of this cDNA and the assembled full-length sequence of 1471 bp (Genebank accession number AJ627286) harbors an open reading frame of 1269 bp coding for a protein of 423 residues, with a predicted molecular mass of 48.2 kDa (Fig. 1). Consultation of the *An. gambiae* genome database indicated that *cpbAg1* is localized on chromosome 2L and contains three introns. Blast search revealed that the predicted amino acid sequence shares significant similarity with carboxypeptidases from various organisms. Indeed, it displayed between 48% and 54% similarity (28 to 32% identity) to carboxypeptidases from insect or mammalian species (Fig. 2) (Edwards *et al.*, 1997, Edwards *et al.*, 2000, Eaton *et al.*, 1991, Yamamoto *et al.*, 1992, Coll *et al.*, 1991, Clauser *et al.*, 1988). This gene was thereafter named *cpbAg1*, as the first described gene encoding an *An. gambiae* carboxypeptidase B.

Structural features of CPBAg1

Sequence analysis of the predicted protein suggests that it is first translated as a pre-pro-protein, with a signal sequence between amino acids 1 to 19 and a pro-domain between amino acids 20 and 114. The presence of a putative signal sequence suggests that the zymogen is secreted and the CPBAg1 zymogen activated after tryptic cleavage at Arg114 releasing the pro-domain. These features are consistent with other characterized carboxypeptidases involved in digestive processes that are also translated as pre-pro-proteins (Clauser *et al.*, 1988, Skidgel, 1996).

Using the three-dimensional structure of five carboxypeptidases (PDB access code : 1aye, 1jpg, 1pca, 1nsa and 2ctb), we constructed a three-dimensional model of CPBAg1. Comparison with porcine pro-protein carboxypeptidase B (1nsa ; Coll *et al.*, 1991) indicates a similar global conformation fold (Fig. 3A, 3B). The pro-domain (in orange), which interacts with the substrate binding pocket of the active-enzyme moiety displays a classically globular $\beta1\alpha1\beta2\beta3\alpha2\beta4$ topology. The active moiety of CPBAg1 (Fig. 3A, 3B, in blue) displays a similar fold as the active moiety of porcine CPB, with eight strands of parallel/antiparallel β-sheets surrounded by eight α-helices.

The active site of CPBAg1 is predicted to consist of His187, Glu190 and His308 that coordinate the zinc ion. As in the porcine CPB structure, residues Glu382 and Arg242 that are involved in the polarization and cleavage of scissible carbonyl group of the substrate are conserved and are located in proximity to the zinc ion.

The peptide-binding pocket is also conserved between both CPBs with the presence of Arg189, Tyr310, Phe391, Arg259, Tyr360 and Asp367 in the same spatial location for CPBAg1. This suggests that Tyr360 and Arg259 likely stabilize the terminal carboxylate group of the peptide substrate and Asp367 defines the specificity of the enzyme for basic C-terminal side chain residue (Titani *et al.*, 1975). These characteristics classify CPBAg1 in the B class of carboxypeptidases.

Characterization of recombinant CPBAg1

To determine whether *cpbAg1* codes for an active carboxypeptidase B and to characterize the enzymatic activity, *cpbAg1* was expressed in insect cells using the baculovirus expression system. Purification yielded two proteins with apparent molecular mass of 50 kDa and 37 kDa, respectively (Fig. 4A) and determination of their N-terminal amino acids demonstrated that the 50 kDa band corresponds to the zymogen and the 37 kDa band corresponds to the mature form of CPBAg1. Therefore, cleavage of the signal peptide occurs between Arg19 and Gly20, and that of the pro-peptide between Arg114 and Asp115.

The enzymatic activity of recombinant CPBAg1 was assayed using di-peptides Hippuryl-Arginine (Hip-Arg) and Hippuryl-Lysine (Hip-Lys) as specific substrates for carboxypeptidase B, and Hippuryl-Phenylalanine (Hip-Phe) as a specific substrate for carboxypeptidase A. As shown in Table 1, recombinant CPBAg1 exhibited activity against Hip-Arg and Hip-Lys, whereas no enzymatic activity could be quantified with the carboxypeptidase A substrate Hip-Phe. The estimated activity against Hip-Arg was approximately 3.5 times higher than with Hip-Lys suggesting that CBPAg1 has a preference for cleaving arginine residues. Accordingly, CPBAg1 activity was inhibited by the active site-directed inhibitor GEMSA, which is an arginine analog (Table 2). In addition, the general zinc-protease inhibitor 1,10-phenantroline inhibited CPBAg1 activity, likely by chelating Zn^{++} ions co-factor. These data confirmed that *cpbAg1* encodes an active carboxypeptidase B, consistent with the database searches. The kinetic parameters for hydrolysis of Hip-Arg were then determined by the standard Michaelis-Menten method using varying substrate concentrations and the Km was estimated as 2.59 mM with a specificity constant (k_{cat}/Km) of $0.31 \times 10^5 \, M^{-1} sec^{-1}$.

cpbAg1 is expressed in the *An. gambiae* midgut and is regulated upon blood feeding

To determine the expression pattern of *cpbAg1,* quantitative real time RT-PCR was performed on RNA extracted from midguts and carcasses of sugar-fed male and female mosquitoes. As depicted in Fig. 5, *cpbAg1* mRNA was mainly detected in midguts of both male and female mosquitoes, while no expression was quantifiable in the carcass samples. The midgut specific expression pattern of CPBAg1 was confirmed using specific antibodies directed against the recombinant enzyme (Fig. 4B, lane 1). Consistently, CPBAg1 was found only in the midgut (Fig. 4B, lane 2 & 3), with no signal detected in carcasses. As observed during purification of the recombinant protein, two endogenous polypeptides corresponding to the pro-enzyme and the processed enzyme were detected.

As carboxypeptidases B are usually involved in digestion in other organisms, we analyzed *cpbAg1* expression at different time points before and after blood ingestion by female mosquitoes. As shown in Fig. 6, *cpbAg1* mRNA level in female midguts increased slightly between day 2 and day 5 post-emergence and after ingestion of a blood meal on day 5 it decreased gradually over 48 hours. The lowest mRNA level, which was detected 15h post blood meal (PBM), was about 10 fold less than the level detected in midguts of sugar-fed females. At 96h PBM, *cpbAg1* expression returned to its initial level before the blood meal. A subsequent blood meal triggered the same pattern of gene expression (data not shown).

cpbAg1 belongs to a family of 21 carboxypeptidase genes

Interrogation of the *An. gambiae* genome database at Ensembl (release 11.2.1) indicated that *cpbAg1* belongs to a family of 21 genes encoding 23 putative carboxypeptidases, as one annotated gene was predicted to give rise to 3 transcripts, including *cpbAg1*. Analysis of the 23 predicted proteins highlighted 10 sequences containing residues known to be required for carboxypeptidase function. Five sequences, including *cpbAg1,* harbor hallmarks of CPB and were given a serial number (Table 3), whereas 5 other sequences displayed hallmarks of CPA (Gardell *et al.*, 1988, Titani *et al.*, 1975, Titani *et al.*, 1987) and were labeled *cpaAg1 to cpaAg5*. The gene characterized by Edwards *et al.* (Edwards *et al.*, 2000) and formerly named *AgCP*, corresponds to *cpaAg1*. The remaining 13 sequences did not contain all of the carboxypeptidase finger-prints and were therefore labeled *cp-like 1 to cp-like 13.* An alignment of the homologous regions of the *An. gambiae* carboxypeptidase sequences is presented in Fig. 7.

To test whether the predicted genes were transcribed in *An. gambiae*, pairs of primers specific for each sequence were designed and used in RT-PCR experiments. Expression was analyzed in midguts and carcasses of sugar-fed female mosquitoes. Among the genes encoding putative CPB, only *cpbAg1* and *cpbAg2* were transcribed at a significant level in mosquito midguts (Table 3). *cpbAg3* was faintly detectable on ethidium bromide-stained agarose gels, suggesting that it was poorly expressed under our experimental conditions. We did not detect any expression of *cpbAg4* and *cpbAg5*, whereas genomic DNA amplification yielded the expected fragments. None of these three latter genes was expressed in the midgut after a blood meal (data not shown). The five predicted CPA encoding genes were expressed in sugar-fed mosquitoes, with *cpaAg1* and *cpaAg2* specifically expressed in midguts (Table 3). Among the cp-like genes, eight (*cp-like1* to *cp-like8)* were expressed in the mosquito, both midgut and carcass, two of them (*cp-like1* and *cp-like2*) being expressed at a significant level. No transcripts could be detected for the remaining ones, even though genomic DNA amplification yielded the expected fragments.

Discussion

We report here the characterization of CPBAg1, which is the first insect carboxypeptidase B identified. Using the baculovirus expression system to produce recombinant CPBAg1 we confirmed the carboxypeptidase B activity of this enzyme. Furthermore, CPBAg1 exhibits a higher specificity towards arginine residues than towards lysine residues, as reported for other carboxypeptidases B (Tan and Eaton, 1995). The Km of the recombinant enzyme is roughly 10 times higher than those reported for vertebrate carboxypeptidases B determined using the same substrates (Alter *et al.*, 1977, Bradley *et al.*, 1996, Marinkovic *et al.*, 1977).

A major function associated with carboxypeptidases in hematophagous insects is blood digestion. Expression of *cpbAg1* occurs preferentially in *An. gambiae* midguts and is down-regulated by a blood meal. However, the expression profile of *cpbAg1* differs from those of all carboxypeptidase genes from haematophagous insects examined to date. Indeed, *cpbAg1* mRNA abundance increased between day 2 and day 5 post-emergence and was strongly reduced in response to a blood meal as soon as 3h PBM. In contrast, the *An. gambiae* carboxypeptidase A (*AgCP*) gene displays a peak of expression 3h PBM (Edwards *et al.*, 1997), carboxypeptidases A from *S. vittatum* (Ramos, *et al.*, 1993) and from *Ae. aegypti* (*AeCP*) (Edwards *et al.*, 2000) exhibit a peak of expression between 16h and 24h PBM, whereas the *Glossina* carboxypeptidase gene is up regulated as early as 1h PBM (Yan *et al.*, 2002). In fact, by comparison with the expression patterns of other digestive enzymes, *cpbAg1* resembles those of *An. gambiae* early-trypsins (Muller *et al.*, 1995). Previous studies provided evidence that early-trypsin mRNA accumulates in the midguts of unfed mosquitoes and that the production of the enzyme is regulated at the translational level (Noriega *et al.*, 1996). In addition, early-trypsins have been proposed to be part of a signaling pathway that induces expression of late-trypsins, responsible for the major phase of digestion (Barillasmury *et al.*, 1995, Graf and Briegel, 1989, Noriega and Wells, 1999). An analogous role has been suggested for the early chymotrypsin *AgChyL* (Shen *et al.*, 2000), which is expressed in unfed females and whose expression drops drastically 8h PBM. The similarity between the blood meal regulation of *cpbAg1*, early-trypsins and to some extent *AgChyL* suggests that *cpbAg1* might also be involved in the activation of another class of digestive enzymes later during the digestive process. Summarizing the available information regarding the effect of a blood meal on transcriptional regulation of *An. gambiae* early-trypsins (*antryp3* to *antryp7*, Muller *et al.*,

1995) and early-chymotrypsin (*AgChyL*) on one hand and *An. gambiae* carboxypeptidase B (*cpbAg1*) and carboxypeptidase A (*cpaAg1/AgCP*) on the other hand, it is worth noting that i) genes for early-trypsins, which cleave polypeptides at arginine and lysine residues, display the same transcriptional profile as *cpbAg1*, whose enzyme removes C-terminal arginine or lysine residues; ii) the gene (*AgChyL*) for early-chymotrypsin which cleaves polypeptides preferentially at phenylalanine residues, is expressed in blood fed females with the same time laps as *cpaAg1/Agcp,* which product removes C-terminal hydrophobic residues including phenylalanine. Thus, in *An. gambiae* midgut, the concerted regulation of genes for early endopeptidases (early-trypsins and early-chymotrypsin) and early exopeptidases (*cpbAg1* and *cpaAg1/AgCP*) likely reflects a finely tuned adaptation of the mosquito to its haematophagous life. Since *cpbAg1* is also expressed at a significant level in male midguts and during larval development, with a peak of expression in second larval instar (C. Lavazec, unpublished), it probably serves more general functions in the mosquito life besides being involved in blood digestion.

The *An. gambiae* genome contains, in addition to *cpbAg1*, 22 sequences predicting zinc-carboxypeptidases with high similarity to *cpbAg1*. Five predicted proteins have signatures for CPB activity and five others, signatures for CPA activity. Although no predicted protein harboring features of carboxypeptidase C were detected in the *An. gambiae* genome (Bown and Gatehouse, 2004), this situation is very similar that of *Drosophila melanogaster*. Indeed, the fly genome contains 19 genes predicting carboxypeptidases with five predicted carboxypeptidases B and five predicted carboxypeptidases A. Interestingly, all *An. gambiae* predicted CPBs but one are located on chromosome 2 and all predicted CPAs but one are located on chromosome 3. In addition, on each of these two chromosomes, the predicted carboxypeptidases are grouped in clusters. On chromosome 3, seven predicted carboxypeptidases are clustered in a region covering only 15kb. These genes also mapped at the same branch of the phylogenetic tree built on sequence similarity among the *An. gambiae* zinc carboxypeptidase family (Fig. 8). This strongly suggests that some arose from gene duplication events. Transcripts corresponding to some of them were not detected in our experimental conditions suggesting that they either represent pseudo-genes, or are expressed in other developmental stages. We cannot exclude that some might be incorrectly annotated. Similarly, all predicted CPs located on chromosome 2 are found in a cluster covering 28kb. Within this cluster a sub-cluster covering 9 kb contains *cpbAg1* and four other predicted CPs, of which only one (*cpbAg3*) gives rise to a detectable transcript. Their phylogenetic relationship is not as strong as in the former case. They seem, however, to have diverged in two steps only. Only four predicted CPs are located on chromosome X, two of which (*cpaAg4* and *cp-like2*) might have diverged recently following a duplication event, as they cluster in the phylogenetic tree and are separated by only 2kb on the genome. In addition, both are expressed at a significant level in the mosquito. Except for the CP encoding genes expressed in the mosquito midgut, all of which are likely to be involved in blood digestion, the significance for the mosquito life of the other CP genes remains to be determined.

In conclusion, we have characterized the first carboxypeptidase B identified in *An. gambiae*. As *cpbAg1* was initially selected on the basis of its regulation upon ingestion of *P. falciparum* gametocytes, the characterization of CPBAg1 constitutes the first step in investigating the role of this and related enzymes in the development of the human malaria parasite in its natural host.

Experimental procedures

Mosquitoes

All experiments were performed with *An. gambiae* Yaoundé strain (Tchuinkam *et al.*, 1993). Mosquitoes were reared at 26°C and 80% relative humidity, under a 12h light / dark cycle. Experimental feedings on human blood were performed with nulliparous females (5 days old) starved from sugar for 24h, using the artificial membrane feeding technique (Tchuinkam *et al.*, 1993). Mosquitoes were fed for 10 minutes. Just before feeding the mosquitoes, red blood cells were centrifuged for 10 minutes at 2,000 rpm, washed three times in RPMI incomplete medium (Gibco), and re-suspended in human AB serum. From the fully fed females, midguts were isolated and pools of 40 midguts were made at each 3h, 6h, 9h, 12h, 15h, 18h, 24h and 48h post blood-meal (PBM). All dissections were performed in cold phosphate-buffered saline at 4°C. Midguts and carcasses (whole mosquito minus midgut) were stored at - 80°C until RNA or protein extraction.

cpbAg1 cloning and sequence analysis

A full length cDNA corresponding to *cpbAg1* was obtained by 5' RACE (Invitrogen Kit) using the following specific primers derived from an amplicon previously selected by DDRT-PCR ((Bonnet *et al.*, 2001); Genebank accession number AF348131): GeneRacer 5' (5'-CGACTGGAGCACGAGGACACTGA), GeneRacer 5'nested (5 ' - GGACACTGACATGGACTGAAGGAGTA), CPBAgRace (5'- AGCGCGATAGCGTAACTGCTAGAA), and CPBAgnestedRace (5'- TTGCGACTGCTCAATAGCAACGACTT). A 1.5 kb gel-purified PCR product was cloned into Topo-TA cloning vector pCR-4® (Invitrogen) leading to plasmid p*cpbAg1*, and sequenced (ABI PRISM™ 310 Genetic Analyser, Applied Biosystem). The Ensembl Mosquito Genome and the NCBI (http://www.ncbi.nlm.nih.gov) servers were used for sequence similarity analysis and genome annotation. Analysis for potential signal peptide was carried out using the Web site http://www.cbs.dtu.dk/services/SignalP. Sequence alignments were performed using the Align.ppc program (Mac Molly TetraLite, Mologen) or ClustalW. Parsimony analysis (Phylip) was used to generate a phylogenetic tree edited with TreeView (Page, 1996).

Homology modeling of CPBAg1

CPBAg1 3D structure was modeled according to structures of 1aye.pdb, 1jpg.pdb, 1pca.pdb, 1nsa.pdb and 2ctb.pdb carboxypeptidases. The ProModII program was used to model protein environment (Guex and Peitsch, 1997). Energy minimization was carried out with the GROMOS96 force field (Parameter file IFP43B1; Topology file MTB43B1; method one : steepest descent, 200 cycles, 25/C-factors constraints; conjugate gradient method, 300 cycles, 2500/C-factors constraints).

Production of a recombinant GST fusion protein in *E. coli* and related antibodies

To construct a recombinant GST fusion protein, a DNA fragment covering *cpbAg1* open reading frame without its signal peptide sequence was amplified by PCR from p*cpbAg1* using the following primers containing restriction sites for BamHI and HindIII : CPBAg1express3': 5'GGCGAATTCCAGATCTCTAAGCTTCGAAGTCACCGACAGTGT; CPBAg1express5': 5'TAAAAGCTTGAATTCCGGGATCCCTTCGAGCTGTACAACGTG. The PCR product was cloned into pGEX 3X (Amersham Pharmacia Biotech) leading to p*cpbAg1*-GST. The production of the recombinant fusion protein was done in *E. coli* BL21 as follows : after induction with IPTG for 3 hours at 37°C, bacteria were centrifuged and disrupted in STETGST buffer (10mM Tris, 150mM NaCl, 1mM EDTA, 5mM DTT, 1% lysozyme and 1.5% sarcosyl) by sonication. The GST fusion protein was then purified by affinity on glutathione-agarose beads (Sigma). The purified protein was used to produce anti-CPBAg1 antibodies in rabbits (Biogenes).

Production of a His-tagged recombinant protein in a baculovirus expression system

Cells and virus culture. *Spodoptera frugiperda* (Sf9) and *Trichoplusia ni* (High Five, HF) insect cells (Invitrogen) either in monolayer or in suspension cultures were cultured at 27°C in SF-900 medium (Gibco-BRL) or insect X-Press medium (Biowhittaker) supplemented with 4 mM glutamine (Gibco-BRL), respectively. Amplification of recombinant viruses and virus stocks (10^8 pfu/ml) were done in Sf9 cells. Protein expression was done in HF cells.

Construction. The construct used to express the recombinant protein contains the whole CPBAg1 open reading frame fused to a His-Tag at its C-terminal end. First, a DNA fragment corresponding to the 423 amino acids of the protein CPBAg1 was generated by PCR using p*cpbag1* as a template and the following primers : pVL*cpbAg1*-5': 5'TAACGGATCCGGATGAGCGAAGCAATG ; pVL*cpbAg1*-3': 5'AATCTAGACTATTAGTGGTGGTGGTGGTGGTGCGAAGTCACCGACAGTGT. After digestion with BamHI and XbaI, the PCR fragment was cloned into the BamHI/XbaI cut transfer vector pVL1393 (Invitrogen) leading to plasmid pVL*cpbAg1* which sequence was verified. Recombinant viruses were obtained by gently mixing 15 μg of the recombinant transfer vector with 50 ng of BaculoGold viral DNA (PharMingen) in 1.5 ml of TC100 medium (Gibco) supplemented with 4 mM glutamine and 50 μg/ml of gentamycine (Gibco) and then mixed with an equal amount of medium containing 50 μl of DOTAP (Liposomal Transfection Reagent, Roche). After a 10 min incubation step, this mix was then added to 2.5 10^6 Sf9 cells in T-25 culture flasks and cultured for 6 days with one change of medium after 24h. Recombinant viruses were then isolated from the culture supernatant by plaque assay using standard methods (Summers and Smith, 1987).

Expression and purification of recombinant His-Tag CPBAg1. Around 1.6 10^6 HF cells/ml were infected with recombinant viruses (multiplicity of infection = 10) and grown in suspension cultures, at 27°C for 3 days, in X-Press medium supplemented with 50 μg/ml gentamycine. Purification was performed on an AKTA purifier system (Amersham Pharmacia Biotech). Culture supernatants were centrifuged 15 min at 3,000 rpm to remove cells and cellular debris, dialyzed against 20 mM Tris-HCl / 300 mM NaCl, pH 8 and applied to a 1 ml Hitrap™ chelating HP column (Amersham Pharmacia Biotech) loaded with $CoCl_2$ 0.1 M, equilibrated in the same buffer. The column was extensively washed and bound protein eluted with a linear gradient from 0 to 100% of 200 mM imidazole in 20 mM Tris-HCl (pH8) / 300 mM NaCl. CPBAg1 recombinant protein was eluted with 20mM imidazole. One ml fractions were collected and analyzed by electrophoresis and western blotting. The purified CPBAg1 recombinant protein was subjected to amino-terminal Edman degradation carried out on an Applied Biosystems Sequencer at the Laboratoire de Microséquençage des Protéines, Institut Pasteur, Paris, France. Both forms of CPBAg1 were isolated from poly-acrylamide gel and subjected to N-terminal sequence analysis.

Protein extraction and Western-blot analysis.

Proteins were prepared from midguts and carcasses by tissue homogenization in 25mM Tris-HCl pH 8 using a plastic pestle and further centrifugation at 20,000g, 4°C, for 15 min. Soluble protein fractions and the His-tagged recombinant CPBAg1 protein were analyzed on a 12% SDS-poly-acrylamide gel under reducing conditions. Proteins were visualized by Coomassie staining (Biosafe®, Biorad) or electrophoretically transferred onto a PVDF membrane (Hybond-P, Amersham) for western blotting. After saturation in PBS containing 5% skim milk and 0.1% Tween 20, the membrane was incubated with purified anti-CPBAg1 antibodies (dilution 1: 500). Antibody binding was detected by incubating the membrane with mouse anti-rabbit peroxidase-conjugated antibody (SantaCruz, dilution 1: 10^5)

and subsequent treatment with a peroxidase chemiluminescent substrate (SuperSignal Ultra®, Pierce).

Enzymatic assays

Carboxypeptidase activity was determined using the synthetic di-peptide substrates Hippuryl-Arginine (Hip-Arg), Hippuryl-Lysine (Hip-Lys) as carboxypeptidase B substrates and Hippuryl-Phenylalanine (Hip-Phe) as carboxypeptidase A substrate. All reagents were purchased from Sigma. Activities were assayed in 20 μl of E buffer (100 mM NaCl / 50 mM Hepes / 100 μM ZnCl$_2$, pH 7.2) containing 1mM Hip-Arg, Hip-Lys or Hip-Phe. The reaction was started by adding an equal volume of His-tagged CPBAg1 (5 ng/μl in E buffer), incubated at 25°C for 10 to 40 min, and stopped by the addition of 20 μl of Ninhydrin reagent (Sigma). Rate of the reaction was measured by estimating the amount of released amino acids using the ninhydrin procedure (Moore and Stein, 1948). One unit of enzyme activity was defined as μmol of amino acids released / min.

Estimation of Km and $kcat$ was carried out after assays over a 500-fold range of Hip-Arg concentration (0.02 mM – 10 mM). Each concentration was assayed in triplicate. The kinetic parameters were derived from iterative nonlinear least square fits of the Michaelis-Menten equation using the experimental data (Dardel, 1994). Confidence limits for the fitted values were determined by 100 Monte Carlo iterations using the experimental standard deviations on individual measurements.

Inhibitory effects of the chelating agent 1,10-phenantroline (Sigma), and of the arginine analog GEMSA (Guanidinoethylmercaptosuccinic acid, Fluka) on CPBAg1 activity were assayed as follows : different concentrations (10^{-4} mM – 1 mM) of inhibitors were pre-incubated at 25°C for 30 min with the recombinant protein in E buffer before addition of Hip-Arg. Activity was measured as described above and was expressed as the percentage of activity relative to controls performed in absence of inhibitor.

RNA extraction

Total RNA was extracted from each mosquito sample using the Tri Reagent® kit (M.R.C.Inc) according to the manufacturer's instructions and RNA was treated with the DNA-free® kit (Ambion). Absence of contaminating genomic DNA in each RNA sample was checked by specific amplification of the *cpbAg1* gene using the following primers : *cpbAg1*U : 5'-GGCGGCTGAGGCGTGACT and *cpbAg1*L : 5'-GACGGGTCTGATCGACTG.

Standard RT-PCR

RNA from two independent mosquito samples corresponding to the same experimental condition were pooled and reverse-transcribed as follows : 100 ng of pooled RNA were incubated with a random hexamer mixture and MMLV reverse transcriptase (400 units per reaction, Invitrogen) in a final volume of $40\mu l$, for 1h at 42°C followed by 5 min at 95°C. RT assays were performed in triplicate and RT products were pooled. PCR amplification was then performed in duplicate on 1 μl of the pooled RT products. Amplification conditions were : five touchdown cycles (30 s at 94°C, 1 min at 5°C above the Tm of the specific primers, 1 min at 72°C) followed by 30 cycles (30 s at 94°C, 1 min at the Tm of the specific primers, 1 min at 72°C) and a final 10 min elongation step (72°C). Products were analyzed on 1% agarose gels in Tris-borate buffer. The 23 specific pairs of primers corresponding to *cpbAg1* and each of the 22 other predicted carboxypeptidase genes were: *cpbAg1* (5'-GGCGGCTGAGGCGTGACT) and (5'-GACGGGTCTGATCGACTG); *cpbAg2* (5'-TCCGGCACAATTGGACTACT) and (5'-TACCGCAGGTACTTGTTGAG); *cpbAg3* (5'-GGGACTATCTGTGGGTGT) and (5'-GACCGCAATGTTCGATCCG); *cpbAg4* (5'-ACGAAAGCAATCGGCAAGA) and (5'-TTGGACGTGCCCTGGCCGC); *cpbAg5* (5'-GCCGGTTGTCTTCATCGACGGTGGT) and (5'-TTGGCAACCGGCACGATGACGTAGT); *cpaAg1* (5'-GGAGAAGCTGCGCGGTAAGCTCGGT) and (5'-ACTAAAAGCAGCGCTAAGCCACCAA) ; *cpaAg2* (5'-CTACTACGCGACGATTGC) and (5'-GTTCGGGATGATCTGGTTA) ; *cpaAg3* (5'-TATATCGAATCTCCAAGA) and (5'-GTGCCGTAACGATTGTAA) ; *cpaAg4* (5'-GGTCGGGAAGGAAACGCTCGCGGCAT) and (5'-ACTCCACTCTCACGCACAGGGGGAAC) ; *cpaAg5* (5'-TAAGTATCAGTGGATCGTT) and (5'-TATTGCGCGACTTTCTGGC) ; *cp-like1* (5'-CTCTGGGCCATCGCCATT) and (5'-GGTCAGCGGAGTTTGAAGA) ; *cp-like2* (5'-TTCCACTCTCACGTAAGC) and (5'-CACCCCGTACGGTTGCAT) ; *cp-like3* (5'-ATCAATAGGCAGCAAGAGAAGAAAA) and (5'-GGATTTTTATCGTCGGGGTTTACCT) ; *cp-like4* (5'-TTCATATTTCTAGACTATCCCACAC) and (5'-GCTCTGGACGGTAAGAATGGAGGA) ; *cp-like5* (5'-CGCCGCACCAAAACACGCTACCTAA) and (5'-ACCTTCGTGTAGGTGTTGCGCTTCA); *cp-like6* (5'-ACAACCGATAAGGCACCA) and (5'-CACTGCCATTGCTGTAAT); *cp-like7* (5'-GGACTATAAGTGATTATC) and (5'-GTGCAAGATCCGATAGTG); *cp-like8* (5'-TTCGCAAGCTGCGGCCTGCGTGCAAG) and (5'-GCGCCACCGGTACCTTCTCGATGTC); *cp-like9* (5'-GTGGAACACCGTTGGTGGAAGCAA) and (5'-AACGCTGTTGGCAAGATTGCGCAG);

cp-like10   (5'-CAAGCATTCGAAGAACTCAAACACA)   and   (5'-CTGGATTCGCTATCGGAATAATGAT);   *cp-like11*   (5'-CGGCCAAACTTCGCCTACAATCAGA) and (5'-CCAAAGGTACGTATCTCGTATGACC); *cp-like12* (5'-ATCGTATGAAGATACTCA) and (5'-TATACCCTTCCCGCAGGA); *cp-like13* (5'-GGTAGAGGAGAACGTACAGTCACTGC.)   and   (5'-ATCGATCGATCCTCATCGACTTC).

Quantitative RT-PCR

Quantitative RT-PCR was performed to analyze in detail the expression pattern of *cpbAg1*. RNA pools were prepared as described above as pools of RT reactions. Real-time PCR was performed using the dsDNA dye SyberGreen® (MasterMix Perkin Elmer) and the iCycler® apparatus from Bio-Rad. PCR experiments were performed in quintuplet in a 25 μl final volume containing 900 nM of each forward and reverse primer and 5 μl of a 1/5 dilution of the RT product. Relative quantification of *cpbAg1* mRNA was performed using the standard curve method (User Bulletin 2, ABI) and the ribosomal protein S7 mRNA as endogenous reference. The relative amount of *cpbAg1* mRNA and *S7* mRNA was determined from a standard curve constructed using an mRNA sample of known concentration. The primers used for the amplification of *cpbAg1* were as described above and those for *S7* amplification were: *S7*U: 5'-CACCGCCGTGTACGATGCCA-3';   *S7*L: 5'-ATGGTGGTCTGCTGGTTCTT-3'.

Acknowledgements

We thank R. Ménard head of the laboratory for his constant support and intensive discussions. We thank G. Langsley for critical comments on the manuscript. We are grateful to C. Thouvenot and J-C. Jacques, members of the CEPIA (Center for Production and Infection of *Anopheles*, Pasteur Institute), for mosquito rearing. We thank S. Petres (Platform for production of recombinant proteins and antibodies, Pasteur Institute), for initiating CPBAg1 production in baculovirus expression system. We are grateful to J. D'Alayer (Laboratory of proteins microsequencing) for performing N-terminal sequencing of CPBAg1. This project was supported by fellowships to C. Lavazec (F. Lacoste, CANAM, Fondation des Treilles) and B. Boisson (Pasteur Institute, GPH Anopheles) and research funds from the Pasteur Institute and the French Ministry of Research (PAL+ Special Program). We are specially grateful to F. Lacoste for constant support of C. Lavazec.

References

Alter, G. M., Leussing, D. L., Neurath, H. and Vallee, B. L. (1977) *Biochemistry,* **16,** 3663-8.

Aviles, F. X., Vendrell, J., Guasch, A., Coll, M. and Huber, R. (1993) *Eur. J. Biochem.,* **211,** 381-9.

Barillasmury, C. V., Noriega, F. G. and Wells, M. A. (1995) *Insect Biochem. Mol. Biol.,* **25,** 241-246.

Billingsley, P. F. and Hecker, H. (1991) *J. Med. Entomol.,* **28,** 865-871.

Bonnet, S., Prevot, G., Jacques, J. C., Boudin, C. and Bourgouin, C. (2001) *Cell. Microbiol.,* **3,** 449-58.

Bown, D. P. and Gatehouse, J. A. (2004) *Eur. J. Biochem.,* **271,** 2000-2011.

Bradley, G., Naude, R. J., Muramoto, K., Yamauchi, F. and Oelofsen, W. (1996) *Int. J. Biochem. Cell. Biol.,* **28,** 521-9.

Chadee, D. D. and Beier, J. C. (1995) *Ann. Trop. Med. Parasitol.,* **89,** 531-540.

Chege, G. M. M., Pumpuni, C. B. and Beier, J. C. (1996) *J. Parasitol.,* **82,** 11-16.

Clauser, E., Gardell, S., Craik, C., MacDonald, R. and Rutter, W. (1988) *J. Biol. Chem.,* **263,** 17837-17845.

Coll, M., Guasch, A., Aviles, F. X. and Huber, R. (1991) *Embo J.,* **10,** 1-9.

Dardel, F. (1994) *Comput. Appl. Biosci.,* **10,** 273-5.

Eaton, D., Malloy, B., Tsai, S., Henzel, W. and Drayna, D. (1991) *J. Biol. Chem.,* **266,** 21833-21838.

Edwards, M. J., Lemos, F. J., Donnelly-Doman, M. and Jacobs-Lorena, M. (1997) *Insect Biochem. Mol. Biol.,* **27,** 1063-72.

Edwards, M. J., Moskalyk, L. A., Donelly-Doman, M., Vlaskova, M., Noriega, F. G., Walker, V. K. and Jacobs-Lorena, M. (2000) *Insect Mol. Biol.,* **9,** 33-8.

Gardell, S., Craik, C., Clauser, E., Goldsmith, E., Stewart, C., Graf, M. and Rutter, W. (1988) *J. Biol. Chem.,* **263,** 17828-17836.

Gass, R. F. (1977) *Acta Tropica,* **34,** 127-140.

Gass, R. F. and Yeates, R. A. (1979) *Acta Tropica,* **36,** 243-252.

Gooding, R. H. (1977) *Can. J. Zool.,* **55,** 1899-1905.

Graf, R. and Briegel, H. (1989) *Insect Biochemistry,* **19,** 129-137.

Guex, N. and Peitsch, M. C. (1997) *Electrophoresis,* **18,** 2714-23.

Jahan, N., Docherty, P. T., Billingsley, P. F. and Hurd, H. (1999) *Parasitology,* **119 (Pt 6),** 535-41.

Lemos, F. J. A., Cornel, A. J. and JacobsLorena, M. (1996) *Insect Biochem. Mol. Biol.,* **26,** 651-658.

Marinkovic, D. V., Marinkovic, J. N., Erdos, E. G. and Robinson, C. J. (1977) *Biochem. J.,* **163,** 253-60.

Moore, S. and Stein, W. H. (1948) *J. Biol. Chem.,* **176.**

Moskalyk, L. A. (1998) *J. Med. Entomol.,* **35,** 216-21.

Muller, H. M., Catteruccia, F., Vizioli, J., Dellatorre, A. and Crisanti, A. (1995) *Exp. Parasitol.,* **81,** 371-385.

Müller, H. M., Crampton, J. M., Dellatorre, A., Sinden, R. and Crisanti, A. (1993a) *EMBO J.,* **12,** 2891-2900.

Muller, H. M., Vizioli, I., della Torre, A. and Crisanti, A. (1993b) *Parassitologia,* **35,** 73-6.

Noriega, F. G., Edgar, K. A., Bechet, R. and Wells, M. A. (2002) *J. Insect Physiol.,* **48,** 205-212.

Noriega, F. G., Pennington, J. E., Barillas-Mury, C., Wang, X. Y. and Wells, M. A. (1996) *Insect Mol. Biol.,* **5,** 25-9.

Noriega, F. G. and Wells, M. A. (1999) *J. Insect Physiol.,* **45,** 613-620.

Page, R. D. M. (1996) *Comput. Appl. Biosci.,* **12,** 357-358.

Ramos, A., Mahowald, A. and Jacobs-Lorena, M. (1993) *Insect Mol. Biol.,* **1,** 149-163.

Reznik, S. E. and Fricker, L. D. (2001) *Cell. Mol. Life Sci.,* **58,** 1790-804.

Shahabuddin, M., Criscio, M. and Kaslow, D. C. (1995) *Exp. Parasitol.,* **80,** 212-219.

Shen, Z., Edwards, M. J. and Jacobs-Lorena, M. (2000) *Insect Mol. Biol.,* **9,** 223-229.

Skidgel, R. A. (1996) In *Zinc metalloproteases in health and disease*(Ed, In Francis, T. A. e.), pp. 241-309.

Summers, M. D. and Smith, G. E. (1987) *Texas Agric. Exp. Station bull.,* **1555.**

Tan, A. K. and Eaton, D. L. (1995) *Biochemistry,* **34,** 5811-6.

Tchuinkam, T., Mulder, B., Dechering, K., Stoffels, H., Verhave, J. P., Cot, M., Carnevale, P., Meuwissen, J. H. E. T. and Robert, V. (1993) *Trop. Med. Parasitol.,* **44,** 271-276.

Titani, K., Ericsson, L. H., Walsh, K. A. and Neurath, H. (1975) *Proc. Natl. Acad. Sci. U S A,* **72,** 1666-70.

Titani, K., Torff, H. J., Hormel, S., Kumar, S., Walsh, K. A., Rodl, J., Neurath, H. and Zwilling, R. (1987) *Biochemistry,* **26,** 222-6.

Vendrell, J., Querol, E. and Aviles, F. X. (2000) *Biochim. Biophys. Acta,* **1477,** 284-98.

Vizioli, J., Catteruccia, F., della Torre, A., Reckmann, I. and Muller, H. M. (2001) *Eur. J. Biochem.,* **268,** 4027-35.

Yamamoto, K., Pousette, A., Chow, P., Wilson, H., el Shami, S. and French, C. (1992) *J. Biol. Chem.,* **267,** 2575-2581.

Yan, J., Cheng, Q., Li, C.-B. and Aksoy, S. (2002) *Insect Mol. Biol.,* **11,** 57-65.

Figure legends

Figure 1 : Nucleotide and predicted amino acid sequence of *cpbAg1*. Arrow ↓ shows the signal peptide cleavage site, arrow ⇓ shows the zymogen activation site. Amino acids involved in zinc binding are bold and underlined, amino acids involved in substrate binding and cleavage are bold. Aspartic acid residue at position 367 (boxed) is predicted to confer a preference for substrate cleavage at arginine or lysine residues. Nucleotide and amino acid numbers are presented on the left.

Figure 2 : Alignment of CPBAg1 with six carboxypeptidase sequences. Sequence comparison was performed using ClustalW multiple sequence alignment. Conserved residues are shaded in grey, and residues involved in zinc and substrate binding are boxed. id, sim : percentages of identity (id) and similarity (sim) between CPBAg1 and each of carboxypeptidase sequences. The NCBI accession numbers for each of the sequences are as follows : CPB1 human (NP001862), CPB2 human (AAT97987), CPB porcine (PO9955), CPB rat (NP036665), CPA *Anopheles* (AAB96576) and CPA *Aedes* (AAD47827).

Figure 3 : Comparison of 3D structure model of CPBAg1 and 3D structure of porcine carboxypeptidase B. Modelisation of the three-dimensional structure of CPBAg1 (Panels B and D) as obtained with ProModII program and compared to porcine pro-carboxypeptidase B. (Panel A and C; PDB access code : 1nsa). A and B : Overall structure of porcine CPB and CPBAg1 as a ribbon plot, with α-helices represented as ribbons) and ß-strands as arrows. The pro-domain structure of both CPBs is colored in orange and the active-enzyme moiety in blue. The zinc ion is shown as a green sphere. C and D : Comparison of active site and substrate binding pocket of porcine CPB and CPBAg1, respectively. The side chain of important amino acids are shown as a stick model. Zinc ion (in green) is coordinated by the side chains of three amino acids highlighted in red. Side chains of amino acids that are involved in the interaction with the substrate are colored in yellow. The Asp residue that confers specificity of the enzyme to the basic penultimate amino acid of the substrate is indicated in green.

Figure 4 : SDS-gel analysis of purified recombinant CPBAg1 and expression pattern in *An. gambiae*. A: SDS-gel analysis of purified recombinant CPBAg1. B : Western-blot analysis of recombinant CPBAg1 and mosquito extracts. Affinity purified recombinant CPBAg1 produced in baculovirus and protein extracts from *An. gambiae* midguts and carcasses were separated on a 12% SDS-gel. Part of the gel (A) was stained with coomassie blue and the rest (B) transferred on a PVDF membrane and incubated with specific antibodies directed against a recombinant GST-CPBAg1. The first amino acids from both pro-enzyme and mature CPBAg1 were determined by N-terminal sequencing using the Edman degradation method. Lane 1 : recombinant CPBAg1 ; lane 2 : midgut extracts (10µg) ; lane 3 : carcass extracts (10µg). Molecular weight marker are shown on the left. Under similar conditions, preimmune antibodies gave no signal (not shown).

Figure 5 : Quantitative expression of *cpbAg1* in female and male *An. gambiae* adult fed on sugar source. RNA was extracted from midguts and carcasses of sugar fed adult mosquitoes, reversed transcribed and amplified by real-time PCR. All data were normalized to the expression level of the ribosomal protein S7 gene. The normalized expression levels were plotted as % of the normalized expression in female midguts set at 100. Bars indicate standard deviation from experiments generated from two independent samples.

Figure 6 : Effect of a blood meal on *cpbAg1* expression in *An. gambiae* female midgut. Real-time PCR expression of *cpbAg1* was analyzed at different time points post emergence and post blood meal in midguts of *An. gambiae* females. Data were normalized to the expression level of the ribosomal protein S7 gene. The normalized expression levels were plotted as % of the normalized expression in midguts of 2 day-old females set at 100. Unfed d2 and unfed d5 : midguts from unfed mosquitoes 2 days and 5 days after emergence, respectively ; BM : blood meal ; PBM : post blood meal. Bars indicate standard deviation from experiments generated from two independent samples.

Figure 7 : Alignment of the conserved sequences involved in substrate specificity and activity in predicted zinc-carboxypeptidases of *An. gambiae*. The 22 putative carboxypeptidases deduced from the *An. gambiae* genome were aligned with CPBAg1 using ClustalW. Only the regions of sequence involved in substrate specificity and activity are shown. Z ; bold : zinc binding , C ; dark grey background : catalytic activity, S ; grey background : substrate binding, and S* ; grey background : substrate specificity of the enzyme with a D at this position for CPBs or a hydrophobic amino acid (L, I, V or P) for CPAs. ? indicates that *cp-like4* and *cp-like7* sequences likely correspond to truncated or mispredicted genes.

Figure 8 : Phylogenetic tree based on sequence similarity among *An. gambiae* zinc-carboxypeptidases. Sequence alignment of all predicted zinc-carboxypeptidases (family M14, clan MC) from the *An. gambiae* genome were aligned using ClustalW and a phylogenetic tree was then generated using Phylip parsimony analysis. The name of the different genes is as described in Table 3, which contains the NCBI accession numbers. Identical color code highlights clustering of the corresponding genes on chromosomes (CHR).

Tables

Table 1. Activity assay on recombinant CPBAg1. Activity of the purified recombinant CPBAg1 produced in baculovirus was assayed against the carboxypeptidase B di-peptide substrates Hippuryl-Arginine (Hip-Arg) and Hippuryl-Lysine (Hip-Lys) and the carboxypeptidase A di-peptide substrate Hippuryl-Phenylalanine (Hip-Phe). 1 unit cleaves 1 μmole product / min.

Substrates	Enzyme activity unit / mg
Hip-Arg	0.83 ± 0.01
Hip-Lys	0.24 ± 0.02
Hip-Phe	0

Table 2. Effect of inhibitors on CPBAg1 activity. Activity of the purified recombinant CPBAg1 produced in baculovirus was assayed after incubation with the zinc-carboxypeptidase inhibitor 1,10-Phenantroline and the active site-directed inhibitor GEMSA, using Hyp-Arg as substrate. 100% activity correspond to 1.1 unit / mg and 0.8 unit / mg for 1,10-Phenanatroline and GEMSA experiments, respectively.

Inhibitor	Concentration (μM)	Activity (%)
1,10-Phenantroline	0	100 ± 5
	0.1	96 ± 2
	10	87 ± 8
	100	35 ± 5
	1000	24 ± 5
GEMSA	0	100 ± 10
	0.1	96 ± 2
	10	41 ± 0
	100	20 ± 2
	1000	7 ± 11

Table 3. Characteristics and expression of predicted *An. gambiae* CPs. CP transcripts are identified by their NCBI accession numbers which matched the Ensembl annotation release 11.2.1 and are accessible at NCBI. ++ : expressed at a significant level. + : expression detectable on ethidium bromide-stained agarose gel after 35 amplification cycles. +/- : faintly detectable on ethidium bromide-stained agarose gel after 35 amplification cycles. No* : incomplete N-terminal sequence.

| | | predicted transcript | | | | predicted protein | | | | gene expression | |
| | | | | | | | | | | sugar fed mosquitoes | |
	Transcript name	Accession number	Chromosome location	eValues	length (bp)	length (aa)	CP prints	Signal Sequence	Propeptide	Midgut	Carcass
predicted CPB	cpbAg1	XM_316277	2	0.0	1287	423	CPB	Yes	Yes	++	+
	cpbAg2	XM_316270	2	3E-68	1317	438	CPB	Yes	Yes	++	+
	cpbAg3	XM_316274	2	4E-113	1248	415	CPB	Yes	Yes	+/-	+/-
	cpbAg4	XM_310460	X	3E-59	1248	416	CPB	No	Yes	-	-
	cpbAg5	XM_316275	2	5E-149	819	273	CPB	No	No	-	-
predicted CPA	cpaAg1	XM_318615	3	1E-57	1332	443	CPA	Yes	Yes	++	-
	cpaAg2	XM_317081	3	5E-55	1272	423	CPA	Yes	Yes	++	-
	cpaAg3	XM_317083	3	7E-62	1266	421	CPA	Yes	Yes	++	++
	cpaAg4	XM_309221	X	7E-54	1368	455	CPA	Yes	Yes	++	++
	cpaAg5	XM_317388	3	3E-47	867	289	CPA	No*	No*	++	++
	cp-like1	XM_317868	3	5E-52	1287	428	NO	Yes	No	++	++
	cp-like2	XM_309222	X	4E-52	1359	452	NO	Yes	Yes	++	++
	cp-like3	XM_317392	3	2E-42	1065	354	NO	Yes	No	+/-	+/-
	cp-like4	XM_317082	3	2E-15	612	204	NO	Yes	No	+/-	+/-
	cp-like5	XM_310544	X	8E-42	2346	782	NO	No	No	+/-	+/-
	cp-like6	XM_317386	3	8E-41	1065	354	NO	No	No	+/-	+/-
	cp-like7	XM_317389	3	2E-40	747	249	NO	No	No	+/-	+/-
	cp-like8	XM_316269	2	5E-35	1011	336	NO	No	No	+/-	+/-
	cp-like9	XM_316278	2	7E-51	891	297	NO	No	No	-	-
	cp-like10	XM_317391	3	3E-44	1074	357	NO	Yes	No	-	-
	cp-like11	XM_317390	3	5E-38	1020	339	NO	Yes	No	-	-
	cp-like12	XM_317387	3	2E-30	963	320	NO	No	No	-	-
	cp-like13	XM_316276	2	1E-101	1248	415	NO	No	Yes	-	-

Figures

```
1      agttgtcgtttggcagtggatgagcgaagca ATG AAG CGG CTA ACA TTC GTG ACC GGC TGT TTG CTG GCC TTG GCA TTC
1                                      M   K   R   L   T   F   V   T   G   C   L   L   A   L   A   F

92     GCC AAA GCC GGT TCT TAT CAT GAA TTC GAG CTG TAC AAC GTG CGC CCG GAA ACG GCG GAA CAG CTG TCG GTG
17     A   K   A ↓ G   S   Y   H   E   F   E   L   Y   N   V   R   P   E   T   A   E   Q   L   S   V

164    CTG CTC AAG TGG CGC AAT GGG CAG GAG ATT GAG GTG GAC TTT TGG GAT GCA CCG AAG GTG GGC CGT AGC GCA
41     L   L   K   W   R   N   G   Q   E   I   E   V   D   F   W   D   A   P   K   V   G   R   S   A

236    CGC CTC ATG GTG ACC AGG GAG GAT CAC AAG CGG GTG GAA GAG TTC CTG GAG CAG CAC GAC ATC GAG TAC GAT
65     R   L   M   V   T   R   E   D   H   K   R   V   E   E   F   L   E   Q   H   D   I   E   Y   D

308    CTG GTG GCG GAC GAT GTG CAG GAG TTG CTG AAT CGA GAG CAG CGC CGT AAT GTG GAG CAC GGT CGG CGG CTG
89     L   V   A   E   D   V   Q   E   L   L   N   R   E   Q   R   R   N   V   E   H   G   R   R   L

380    AGG CGT GAC TCG AAT TCG CGT GCC ACT GTT AAT TTC GAG CAC TTC TGG ACG CTG GAC GAG ATC TAC GAG TAT
113    R   R   D ↓ S   N   S   R   A   T   V   N   F   E   H   F   W   T   L   D   E   I   Y   E   Y

452    CTG GAC GAG CTG GCG GCG TAC AAT GGG CTG GTG CGC GTC TCG GAG ATC GGT CGT ACG CAT GAG GAT CGC
137    L   D   E   L   A   V   A   Y   N   G   L   V   R   V   S   E   I   G   R   T   H   E   D   R

524    CCC ATC AAG GCC ATC ACA ATC TCG ACC AGG GGT GCA GTC GAT CAG ACC CGT CCG ATT GTG TTT ATG GAT GGA
161    P   I   K   A   I   T   I   S   T   R   G   A   V   D   Q   T   R   P   I   V   F   M   D   G

596    GGT ATT CAT GCC AGA GAA TGG GCC GGC GTG ATG TCG GTC ATG TAC ATC CAC GAG TTT GTG GAA CAC TCG
185    G   I   H   A   R   E   W   A   G   V   M   S   V   M   Y   M   I   H   E   F   V   E   H   S

668    GAC CAG TAC GCC GAG CAG CTG TCC AAC ACG GAC TAC GTC ATC GTG CCG GTT GCC AAC CCG GAC GGG TAC GTC
209    D   Q   Y   A   E   Q   L   S   N   T   D   Y   V   I   V   P   V   A   N   P   D   G   Y   V

740    TAC ACC CAC GAG CAG AAC CGT CTG TGG CGC AAG AAC CGT TCG CCG GAC AAT GTA CTG TGC TAC GGC GTG GAC
233    Y   T   H   E   Q   N   R   L   W   R   K   N   R   S   P   G   N   V   L   C   Y   G   V   D

812    CTG AAC CGC AAC TTC CCC TTC CAG TGG GAT CGT ACG AGT GAG TGT ACG AAC AAC TTT GCC GGC CAT GCC
257    L   N   R   N   F   P   F   Q   W   D   R   T   T   S   E   C   T   N   N   F   A   G   H   A

884    GCT TCC TCA GAA AAC ACC AAA GCA CTG ATC GGA CTG ATG GAT CAG TAT AAG GCC GCC ATT CGC ATG TAC
281    A   S   S   E   N   E   T   K   A   L   I   G   L   M   D   Q   Y   K   A   A   I   R   M   Y

956    CTG GCG GTG CAC ACG TAC GGC GAG ATG ATT CTG TGG CCG TGG GGT TAC GAT TTC CTG CAC GCC CCG AAC GAG
305    L   A   V   H   T   Y   G   E   M   I   L   W   P   W   G   Y   D   F   L   H   A   P   N   E

1028   GAC GAT CTA CAG CGG TTG GGC GAG CGG GCA CGC GAT GCA CTG GTG GCG GCC GGC GGG CCG GAG TAC GAG GTG
329    D   D   L   Q   R   L   G   E   R   A   R   D   A   L   V   A   A   G   G   P   E   Y   E   V

1100   GGC AAT TCG GCC GAC ATT CTG TAC ACG GCT TCC GGG GCG ACG GAC GAC TAC GCG TAC AGC CTG GGC GTG CCG
353    G   N   S   A   D   I   L   Y   T   A   S   G   A   T   D   Y   A   Y   S   L   G   V   P

1172   TAC TCG TAC ACG CTC GAG CTG ACG GGC GGT GGA TCG CAA GGG TTC GAT CTG CCC GCG GCC GAG CTG GCG CGC
377    Y   S   Y   T   L   E   L   T   G   G   G   S   Q   G   F   D   L   P   A   A   E   L   A   R

1244   GTT ACC TCG CAC ACG TTC GAG CTG CTG AAG GTG TTC GGG CAG CAT GCG GGC ACA CTG TCG GTG ACT TCG
401    V   T   S   Q   T   F   E   L   L   K   V   F   G   Q   H   A   G   T   L   S   V   T   S

1318   taaaggggaagggtgcgtgtgcgtgtgtgtgtgctaatcagccagttgtccgatgtgcgttgattgattatcaattgtatcagcaaagtcgttgcta
1430   ttgagcagtcgcaataaatcaaccattctagcagttacgctatcgcgctctgctttgacattgcaaaaaaaaaa
```

Figure 1 : Nucleotide and predicted amino acid sequence of *cpbAg1*.

The alignment figure shows the following sequences for seven carboxypeptidases (CPBAg1, CPB1human, CPB2human, CPBporcine, CPBrat, CPAanophele, CPAaedes):

Block 1:

```
CPBAg1       -----------MERLTFVTGCLLALAFAKAGSYHEFELYNVRPETAEQLSVLLKWRNGQE---IEVDFWDAPKVGRSAR
CPB1human    -----------MLALLVLVTVALASAHHGGEHFEGEKVFPHVNVEDENHINIIRELASTTQIDFWKPDSVTQIKPHSTVD
CPB2human    -----------MKLCSLAVLVPIVLFCEQHVFAFQSGQVLAALPRTSRQVQVLQNLTTTYEIVLWQPVTADLIVKKKQVH
CPBporcine   -----------------------HHSGEHFEGEKVFRVNVEDENDISELEHLASTRQIDFWKPDSVTQIKPHSTVD
CPBrat       -----------MLLLLALVSVALA--HASEEHFDGNRVYRVSVHGEDHVNLIQELANTKEIDFWKPDSATQVKPLTTVD
CPAanophele  MVRLNSAVGSRWWAPAMAILAVALSVEAAEVARYDNYRLYRVTPHSEAQLRSVAAMEQASDSLIFLE---TARELGDRFD
CPAaedes     -MGLPVAVT------VLGICLCFGVTYGNEAARYDNYRVYEAIPSSNSQLELLNELEQSSDSLIFLK---SGNNVGEKFN
```

Block 2:

```
CPBAg1       LMVTRBDHKRVEEFLKQHDIEYDLVAEDVQELLNREQRRNVEHGRRLRRDSNSRATVNFEHFWTLDEIYEYLDELAVAYN
CPB1human    FRVKARDTVTVENVLKQNELQYKVLISNLRNVVEAQFDS---RVRAT--------GHSYEKYNKWETIEAWTQQVATENP
CPB2human    FFVNASDVDNVKAHLNVSGIPCSVLLADVEDLIQQQISNDTVSPRAS--------ASYYEQYHSLNEIYSMIEFITERHP
CPBporcine   FRVKARDILAVEDFLEQNELQYEVLINNLRSVLEAQFDS---RCRTT--------GHSYEKYNNWETIEAWTEQVTSKNP
CPBrat       FEVEARDVADVENFLEENEVEYEVLISNVRNALESQFDS---ETRAS--------GHSYTKYNKWETIEAWIQQVATDNP
CPAanophele  IVVAPHKLADFTETLESDYIPHELIEQHVQRAFDEERVRLTNKRAKG--------PFDWNDYHTLEEIHAWLDQLASEHP
CPAaedes     IVVAPHKLVDFTEALQNEGVRVRLLETHMQSLIDEEKQRMVSKRARG--------AFDFNDYYELEDIHAWLDKLANQY-
```

Block 3:

```
CPBAg1       GLVRVSEIGRTEEDRPIKAITISTRGAVDQTRPIVFMDGGHAREWAGVMSVMYMIHEFVEH---SDQYAEQLSNTDYVI
CPB1human    ALISRSVIGTTFEGRAIYLLKV---GKAQGNKPAIFMDCGFHAREWISPAFCQWFVREAVRTYGREIQVTELLDKLDFYV
CPB2human    DMLTKIEIGSSFEKYPLVLKVS--GKEQAAKNAIWIDCGLHAREWISPAFCLNFIGHITQFYGIIGQYTNLLRLVDFYV
CPBporcine   DLISRSAIGTTFDGDNIYLLKV---GKPGSNKPAIFMDCGFHAREWISQAFCQWFVRDAVRTYGYEAHNTEFLDNLDFYV
CPBrat       DLVTQSVIGTTFEGRANMYVLKI---GKTRPNKPAIFIDCGFHAREWISPAFCQWFVREAVRTYNQEIHMKQLLDELDFYV
CPAanophele  KEVELLDAGRSHQNRTMKGVKLS--YGPG--RPGVFLEGGLHAREWISPATVTYILNQLLTS--EDAKVRALAEKFDWYV
CPAaedes     DQVQLLEGGHSPENRSIKGVKVS--YKTG--NPGIFVEGGLHAREWISPATVAYILNELLTS--TDPKVRNIAENYDWYM
```

Block 4:

```
CPBAg1       VPVANPDGYVYTHEQNRLWRKNKSPGN-VLCYGVDLMRNFPFQ----WDRTTSECTNNFAGHAASSENETKALIGLMDQY
CPB1human    LPVLNIDGYIYTWTKSRFWRKTRSTHTGSSCIGTDPNRNFDAG-WCEIGASRNPCDETYCGPAARSEKETKALADFIRNK
CPB2human    MPVVNVDGYDYSWKKNRMWRKNRSFYANNHCIGTDLNRNFASKHWCREGASSSCSETYCGLYPESEPEVKAVASFLRRN
CPBporcine   LPVLNIDGYIYTWTKNRMWRKTRSTNAGSSCIGTDPNRNFNAG-WCTVGASVNPCNETYCGSAAESEKETKALADFIRNN
CPBrat       LPVVNIDGYVYTWTKDRMWRKTRSTMAGSSCLGVRPNRKFNAG-MCKVGASRSPCSETYCGPAPESEKETKALADFIRNN
CPAanophele  FPNAHPDGYAYTFQVNRLWRKTRKAYG-PFCYGADPNRNWNDFH-WAKQQTSNNACSDTYGGSEAFSEWTRSLAAFVEKL
CPAaedes     FPSVNPDGYVYTHKKDRLWRKTRTPYS-GGCFGADPNRNWNDFH-WAEQQTSNRCNSDTYGGPHAFSEVETKSLSQFIASL
```

Block 5:

```
CPBAg1       KAAIRMYLAVHTYGEMILWPWGYDFLHAPNEDDLQRLGERARDALVAAGG-PEYEVGNSADILYTASGATDDYAY-SLGV
CPB1human    LSSIKAYLTIHSYSQMMIYPYSYAYKLGENNAELHLALAKATVKELASLHG-TKYTYGPGATTIYPAAGGSDDWAY-DQGI
CPB2human    INQIKAYISMHSGYSQNIVFPYSYTRSKSKDEELSLVASEAVRAIEKTSKNTRYTYGPGATTIYPAAGGSETLYLAPGGGDDWIY-DLGI
CPBporcine   LSSIKAYLTIHSYSQMILYPYSYDYKLPENDAELNSLAKGAVKELASLYG-TSYSYGPGSTTIYPAAGGSDDWAY-NQGI
CPBrat       LSTIKAYLTIHSYSQMMLYPYSYDYKLPENYELNALVKGAAKELATLHG-TKYTYGPGATTIYPAAGGSDDWSY-DQGI
CPAanophele  RGKLGAYIAFHSYSQLLLFPYGDTGAHCGMHQDLNEIAEATVKSLAKRYG-TQYRYGNVIDAIYPASGSSVDWSYGAQDV
CPAaedes     KGKIQAYISFHSYSQLLLFPYGHTGEHASHHNDLNEIAKATITSLAKRYG-TKYKYGNIYDAIYPASGASVEWAYGTLDV
```

Block 6 (with identity and similarity percentages):

		id	sim
CPBAg1	PYSYTLELTGGG--SQGFDLPAAELARVTSQTFELLKVFGQHAGTLSVTS-----	100%	100%
CPB1human	RYSFTLELRDTG--RYGFLLPESQIRATCEEFLAIKYVASYVLEHLY--------	30%	48%
CPB2human	RYSFTIELRDTG--TYGFLLPERVIKPTCREAFAAVSKIAWHVIRNV--------	28%	48%
CPBporcine	KYSFTHELRDKG--RFGIVLPESQIQATCQETMLAVKYVVTNYTLEHL-------	28%	48%
CPBrat	KYSFTFELRDTG--FFGFLLPESQIRQTCRETMLAVKYIANYVREHLY-------	30%	49%
CPAanophele	KIAYTYELRPDGDAWNGFVLPPHSIVPTGRETLDSLITTLEESSARGYYDEKH--	30%	50%
CPAaedes	KIAYTYELRPGSGSWNGFVLPPKQIVPTGHETLDSLVTLLEESDKRGYYENCEGC	32%	54%
```

**Figure 2 : Alignment of CPBAg1 with six carboxypeptidase sequences.**
```

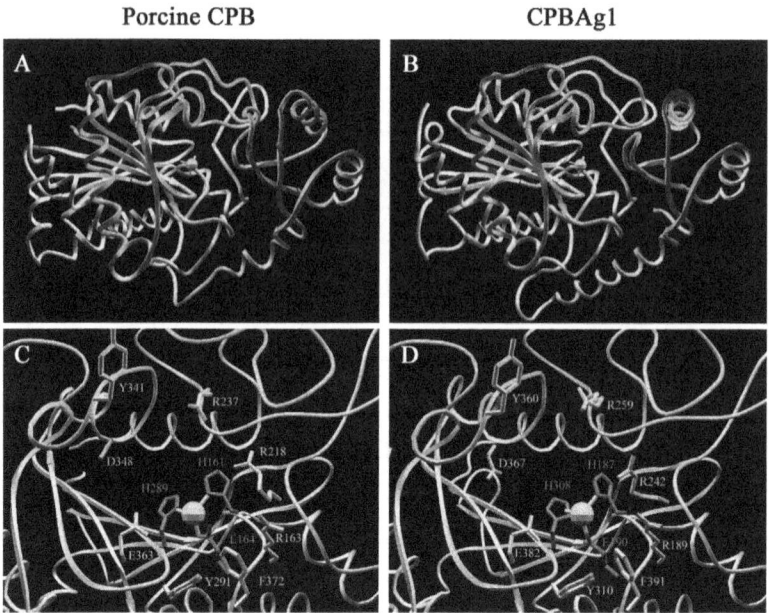

Figure 3 : Comparison of 3D structure model of CPBAg1 and 3D structure of porcine carboxypeptidase B.

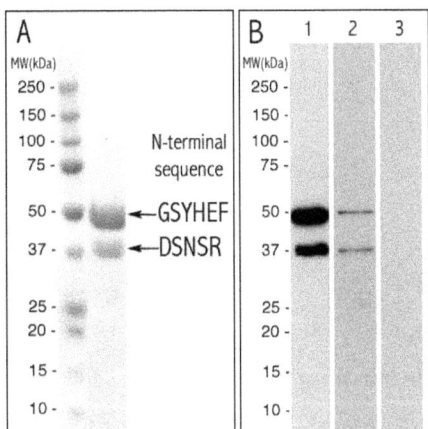

Figure 4 : SDS-gel analysis of purified recombinant CPBAg1 and expression pattern *in An. gambiae*.

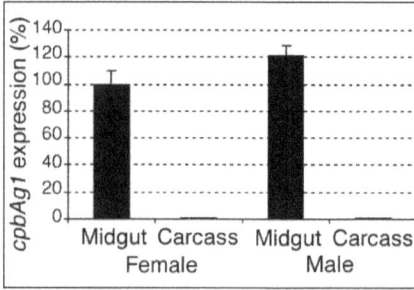

Figure 5 : Quantitative expression of *cpbAg1* in female and male *An. gambiae* adult fed on a sugar source.

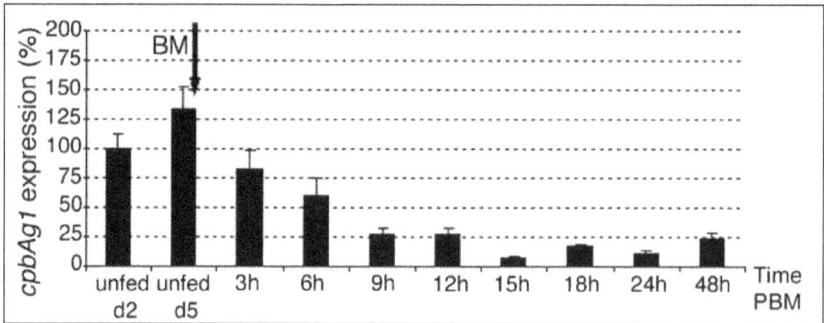

Figure 6 : Effect of a blood meal on *cpbAg1* expression in *An. gambiae* female midgut.

```
cpbAg1   GGIHAREWAGV  NRLWRKNR  VDLNRNFPF   YLAVHTYGEMI  DILYTASGATDDYAY-SLGVPYSYTLLLTGGGSQ--GFDLPA 423
cpbAg2   AGIHAREWAAP  ERLWRKTR  VDGNRNYDF   YLSLHTYGQYL  NVLVAAAGGSDDYAYAVADVPISMTMELPGGGSQ--GFNPPP 438
cpbAg3   GGIHAREWAGV  NRMWRKNR  IDLNRNWDY   YLAVHTYGDMI  EILYTANGCSDDYVAGVIGARYAYTLELTGGGRN--GFDLPA 415
cpbAg4   GGIHAREWISP  DRLWRKNR  VDLNRNYGY   FLTFHSYGQYI  STLYPAAGGSDDWARGALNIKYAYTVELRDTGRY--GFVLPA 416
cpbAg5   GGIHAREWAGV  NRLWRKNR  VDLNRNFPF   YLAVHTYGEMI  DILYTASGATDDYAY-SLGVPYSYTLLLTGGGSQ--GFDLPA 273
cpaAg1   GGIHAREWISP  NRLWRKTR  ADPNRNMDF   YIAFHSVSQLL  DAIYPASGSSVDWSYGAQDVKIAYTYELRPDGDAWNGFVLPP 443
cpaAg2   ANIHAREWISS  NRQWRKTR  ADPNRNFDY   QFSFHSWGQYL  SVLYTTSGSTVDYFVGVHGTKLGFTFFFRDTGAT--GFVLPA 423
cpaAg3   SNIHAREWITS  NRLWRKNR  VDMNRNFPG   YLSFHSYGQYI  DVLYIASGSSEDWAHGTHGTPVAATFFFRDNGYH--GFILPP 421
cpaAg4   GGIHAREWISP  DRLWRKNR  VDLNRNFDS   YIALHSXSQLL  ETIYPSSGGSIDWAYRPGGVPVSLTFFLKGPPDSTDMFILPA 455
cpaAg5   ANMHAREWAAM  DRFWRKNR  VDLNRNFGY   FVDLHTYGEYI  QLLYAVSGSSLDYCY-SVGVKACIAIELTGDGFEIEPSNIIP 289
cp-like1 GTIHAREWISA  TRLWRKTR  ADPNRNWDY   YLDFHASGQLL  ETIYVASGSSLDWVKGTLQTPLTFAYELRDTGEY--GFLLPP 428
cp-like2 CGIHAREWISP  DRFWRKNM  VDLNRNFAS   YFSVHSFSQLV  ETIYPSSGDSVDWVYSALGVPVAYTFFLRGPPDSTNMFVLPA 452
cp-like3 ANLHAREWAAT  DRLWRKNR  IDLNRNFGY   YVDLHTFGETI  ERSFKESGSSIDYCF-SLNIKACIAVELTAGSYELQNNTIPL 354
cp-like4 SNIHAREWITS  --------  ---------   -----------  ------------------------------?---------- 204
cp-like5 AGAHGHEWIGP  DRLWSKNR  VDLNRNWAY   YLSLQAYGQLL  VTGPATYGTATGYARYGAGIRYSYTLRLPDRGTH--GFLLPP 782
cp-like6 ANLHAREWAAM  DRYWRKNR  VDLNRNFGY   YADMHTFGNHI  HLFERTYGSSLDYCH-SVGINVCLWFELTNVGFQIKESDIER 354
cp-like7 ANMHAREWAAM  DRLWRKNR  VDLNRNFAY   YVDLQTFGEYI  DLAHPVSGSSMDYCY-FVG----------?---------- 249
cp-like8 AGIHAREWITV  NKMWRKTR  VDCNRNFNV   YLSLHSYAKAI  VLNRPVGGSSIDYAHDIEKVPVALVMEVASKGFHPPEANIER 336
cp-like9 AGLHAREWISP  NRLWLKSR  VDLNRNFGH   YLSIQSADQMV  LLQTPASGSSIDFVAGTVQPDLVFTLKTGAGGNY--GYDVPE 297
cp-like10 ANLNAREWAAM NRFWRKNR  TDLNRNFDY   YVDLQAFGEYL  EIMKEASGSSIDYCL-SVGVKACIAMKLTSQGYEIYTSAIPL 357
cp-like11 ANLNAREWAAM DRFWRKNR  TDLNRNFDY   YVDLQAYGEYL  ELTKPAPGSSIDYCL-SVGVKACIAMKLTNRSYEIRTFGIPI 339
cp-like12 GNLQAREWVGM DRKWNKNR  VNLDGNFNN   LVDLQGFGQLI  DYFPFAYGVCHDYCNAIGVKTCLTLRQTMQEYEISTDQIILF 320
cp-like13 AGVHAREWASH NRLWRKNR  TDVNRNFPF   YLSLHSCGEYI  GLLYLAT-GSDDFIYGAYGVQYAYTLRLSCGNRGY-GFIIEP 415
         Z  SZ        R         S           Z  S        S         S*            R
```

Figure 7 : Alignment of the conserved sequences involved in substrate specificity and activity in predicted zinc-carboxypeptidases of *An. gambiae*.

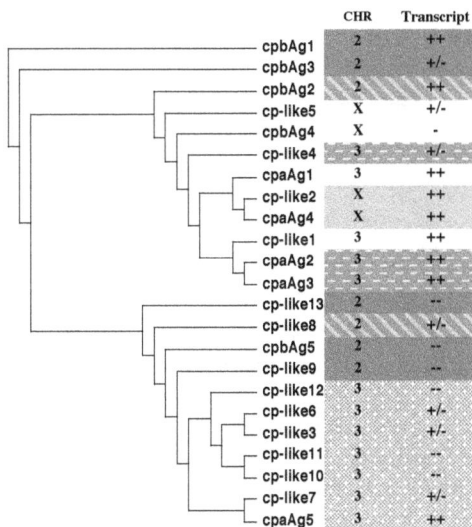

Figure 8 : Phylogenetic tree based on sequence similarity among *An. gambiae* zinc-carboxypeptidases.

2ème partie :

L'activité carboxypeptidase B d'*Anopheles gambiae* facilite le développement sporogonique de *Plasmodium falciparum*

Les gamétocytes de *P. falciparum* modifient l'activité carboxypeptidase B dans le tube digestif d'*An. gambiae*

Le gène *cpbAg1* ayant été identifié sur la base de la régulation de son expression en présence gamétocytes de *P. falciparum* dans le repas de sang du moustique, nous avons postulé que le produit de ce gène pourrait être impliqué dans le développement sporogonique du parasite. Nous avons déterminé que ce gène, ainsi que son paralogue *cpbAg2*, codent pour les seules carboxypeptidases B exprimées dans le tube digestif d'*An. gambiae*. Dans le but d'étudier la potentielle implication de *cpbAg1* et de *cpbAg2* dans le développement sporogonique du parasite, nous avons en premier lieu analysé la régulation de l'expression de ces deux gènes chez des moustiques infectés par *P. falciparum* ou par *P. berghei* par RT-PCR quantitative. Nos résultats montrent que *cpbAg1* et *cpbAg2* sont surexprimés spécifiquement en présence de gamétocytes de *P. falciparum*, alors que ces deux gènes ne sont pas régulés par les formes asexuées de *P. falciparum* ou par les gamétocytes de *P. berghei*. Nous avons également déterminé qu'il existe une corrélation entre la surexpression de ces deux gènes et la modification de l'activité carboxypeptidase B en présence de gamétocytes de *P. falciparum* dans le tube digestif du moustique. Ces résultats suggèrent que CPBAg1 et CPBAg2 pourraient intervenir dans le développement parasitaire. On peut donc proposer que l'activité carboxypeptidase B joue un rôle au cours de ce développement, soit pour le limiter, par exemple en dégradant le parasite au cours de la digestion, soit pour le faciliter, comme cela a déjà été démontré pour différentes molécules du moustique qui sont utilisées par le parasite.

L'activité carboxypeptidase B facilite le développement de *P. falciparum*

Dans le but d'étudier le rôle de l'activité carboxypeptidase B dans le développement de *P. falciparum*, nous avons réalisé des expériences d'infections de moustiques par la technique de gorgement sur membrane. Les infections ont été réalisées sur le terrain, au Sénégal, avec du sang de volontaires porteurs de gamétocytes de *P. falciparum* recrutés au cours d'enquêtes dans les villages. Nous avons testé quel effet aurait l'addition de substrats synthétiques de carboxypeptidases B ou d'acides aminés libres dans le repas infectant. Nous avons pu ainsi constater que le développement parasitaire était facilité par la libération d'arginine dans le bol alimentaire du moustique. En ajoutant des anticorps dirigés contre CPBAg1 au sang parasité, nous avons constaté une forte inhibition du développement parasitaire, ce qui suggère que cette carboxypeptidase B est impliquée dans le développement du parasite.

En parallèle aux conclusions sur l'implication de l'arginine dans le développement parasitaire, les résultats obtenus par cette analyse soulèvent plusieurs observations.

Premièrement, la différence des profils d'expression en réponse aux deux espèces plasmodiales (*P. falciparum* et *P. berghei*) pourrait refléter l'adaptation de *P. falciparum* à son vecteur naturel *An. gambiae,* et confirme les résultats précédemment obtenus par notre équipe, démontrant que certains gènes impliqués dans l'immunité du moustique sont exprimés différenciellement en réponse à *P. falciparum* et à *P. berghei* (Tahar et al., 2002). Cette hypothèse est renforcée par les résultats complémentaires présentés en Figure 11, montrant l'analyse de l'expression de *cpbAg1* et de *cpbAg2* chez les moustiques infectés par *P. yoelii*. En effet, la présence dans le repas de sang de ce *Plasmodium* de rongeur provoque une légère surexpression de *cpbAg1* et une répression de *cpbAg2* dans le tube digestif du moustique, ce qui correspond à des profils d'expression proches de ceux observés en présence de *P. berghei* (Figure 11). On peut également proposer l'hypothèse que les différents profils d'expression de *cpbAg1* et de *cpbAg2* sont dues à la composition différente en arginine du sang de rongeur par rapport à celle du sang humain.

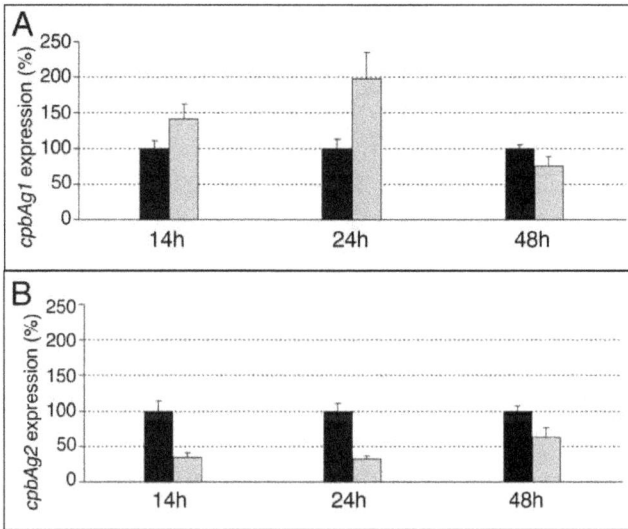

Figure 11 : Profil d'expression de *cpbAg1* (A) et de *cpbAg2* (B) dans le tube digestif d'*An. gambiae* après ingestion de *P. yoelii*
En noir : moustiques gorgés sur des souris non parasités, en gris : moustiques gorgés sur des souris parasités par *P. yoelii* (gamétocytes et formes asexuées).

D'autre part, les résultats exposés dans cette étude vont à l'encontre des résultats précédents, obtenus par RT-PCR semi-quantitative, qui montraient une faible répression de *cpbAg1* (*55Yde*) en présence de gamétocytes. Cette divergence de résultats peut être expliquée d'une part par le manque de sensibilité de la technique de RT-PCR semi-quantitative par rapport à celle de RT-PCR quantitative en temps réel et, d'autre part, par le choix du gène de référence utilisé pour standardiser la quantification de l'expression des gènes. En effet, les précédents résultats avaient été obtenus après standardisation avec le gène de l'actine, dont l'expression a été démontrée variable dans le tube digestif après un repas de sang (Edwards et al., 1997), alors que nous avons choisi pour standardiser nos résultats le gène ribosomal *S7*, dont l'expression est stable chez le moustique (Xu et al., 2003).

En conclusion, nos résultats suggèrent que l'activité carboxypeptidase B, en libérant de l'arginine dans le tube digestif d'*An. gambiae*, facilite le développement de *P. falciparum*. De plus, l'inhibition du développement parasitaire observée en présence d'anticorps dirigés contre CPBAg1 suggère que cette protéine, ainsi que CPBAg2, pourraient constituer de nouvelles cibles pour un vaccin bloquant la transmission.

Manuscrit 2

The development of *Plasmodium falciparum* in *Anopheles gambiae* midgut is modulated by the mosquito carboxypeptidase B activity.

Lavazec C., Tahar R., Boudin C., Thiery I., Bonnet S., Bourgouin C.

The development of *Plasmodium falciparum* in *Anopheles gambiae* midgut is modulated by the mosquito carboxypeptidase activity

LAVAZEC C.[1], TAHAR R.[1], BOUDIN C.[2], THIERY I.[1], BONNET S.[3], BOURGOUIN C.[1]

[1]Unité de Biologie et Génétique du Paludisme, Institut Pasteur, 25 rue du Dr Roux, 75015 Paris, France ; [2]Paludologie Afrotropicale, Unité 77, IRD, Dakar, Sénégal; [3]Ecole Nationale Vétérinaire, UMR ENVN/INRA 1034, Atlanpole-La Chantrerie, B.P. 40706, 44307 Nantes Cedex 03, France

Corresponding author: Catherine Bourgouin, Unité de Biologie et Génétique du Paludisme, Institut Pasteur, 25 rue du Dr Roux, 75015 Paris, France ; Phone: +33-1-45-68-82-24, fax: +33-1-40-61-30-89, e-mail address: cabourg@pasteur.fr.

Running Title : *An. gambiae* carboxypeptidase B and *P. falciparum* development

ABSTRACT

Understanding the interactions between the most deadly malaria parasite, *Plasmodium falciparum*, and its main African vector, *Anopheles gambiae*, would help in developing new malaria control strategies. We have previously identified, by differential display, several *An. gambiae* genes whose expression in the midgut was regulated upon ingestion of *P. falciparum* infected blood. Here, we analyze the role of *cpbAg1* and *cpbAg2*, which encode two carboxypeptidases B, on *P. falciparum* development within the mosquito midgut. We show that 1) *cpbAg1* and *cpbAg2*, which are essentially expressed in the midgut of *An. gambiae,* are specifically upregulated upon ingestion of *P. falciparum* gametocytes, but not of *P. falciparum* asexual stages or of *P. berghei* gametocytes ; 2) adding carboxypeptidase B substrates or products to *P. falciparum*-containing blood increases the proportion of infected mosquitoes ; 3) anti-CPBAg1 antibodies inhibit the development of *P. falciparum* in the *An. gambiae* midgut. These data suggest that CPBAg1, and possibly CPBAg2, are critical for the successful development of *P. falciparum* within *An. gambiae* midgut.

INTRODUCTION

Anopheles gambiae represents the main African vector of *Plasmodium falciparum*, the most deadly species of human malaria parasites, and the most prevalent in Africa. The spread of drug-resistance in malaria parasites and of insecticide-resistance in mosquitoes have hampered the control of this disease. Several strategies are being developed to try and limit the global impact of malaria. Understanding the intimate relationship between the parasite and the mosquito should provide new rational methods for controlling malaria transmission (Dinglasan et al., 2003; Ito et al., 2002; Kaslow, 1997; Lal et al., 2001; Ramasamy et al., 1997).

When ingested by a female mosquito during a blood meal, *Plasmodium* gametocytes differentiate into male and female gametes, which fuse to form zygotes. Each zygote elongates to become a motile ookinete in the blood bolus and crosses the peritrophic matrix and the midgut epithelium to reach the hemocoel side of the gut. The ookinete becomes attached to the midgut wall and transforms into an oocyst, which undergoes divisions to form sporozoites. Sporozoites are released into the hemolymph and invade salivary glands, where they attain maturity and can be injected into a new host during the next blood meal. During the transformation from gamete to oocyst that takes place inside the mosquito midgut, there is a considerable reduction in the number of parasites reaching the oocyst stage (Gouagna et al., 1998; Vaughan et al., 1994). Mosquito factors might play a role in this parasite loss. Indeed, synthesis of nitric oxide (NO) was found to limit *Plasmodium* development in *Anopheles stephensi* (Luckhart et al., 1998). In addition, recent studies have demonstrated that *An. gambiae* genes involved in immunity pathways were activated during the sporogonic development of *Plasmodium* (Dimopoulos et al., 1998; Oduol et al., 2000; Richman et al., 1997; Tahar et al., 2002), suggesting that immune molecules might contribute to the parasite loss. Along these lines, Osta and collaborators demonstrated that a gene encoding a leucine rich immune molecule controlled the number of parasites reaching the oocyst stage (Osta et al., 2004). Mosquito digestive enzymes could also affect the efficiency of parasite development. For instance, increased aminopeptidase activity has been reported in a strain of *An. stephensi* refractory to the development of *P. falciparum* (Feldmann et al., 1990). Conversely, mosquito factors may facilitate the sporogonic development of *Plasmodium*. For example, mosquito xanthurenic acid has been identified as a gametocyte-activating factor, contributing to the maturation of male gametes (Billker et al., 1998; Garcia et al., 1997) and two C-type lectins were shown to protect *Plasmodium* ookinetes from melanization (Osta et al., 2004). While mosquito trypsin could affect the viability of ookinetes *in vitro* and possibly *in vitro* (Gass, 1977; Gass and Yeates, 1979), it has also been proposed that this digestive enzyme could enhance *Plasmodium* infection by activating parasite chitinase, and facilitating ookinete passage through the peritrophic matrix, which surrounds the blood meal (Shahabuddin and Kaslow, 1994; Sieber et al., 1991). It has also been hypothesized that mosquito digestive proteases contribute to the successful development of *Plasmodium* by inactivating host complement and macrophages, to which parasites are sensitive (Grotendorst and Carter, 1987; Sinden et al., 2004).

Various combinations of mosquito and *Plasmodium* species, usually *Anopheles sp.* and *Plasmodium berghei*, are used to characterize the interactions between the malaria parasite and its mosquito vector. However, the mosquito response, like the mammalian host response, is highly dependent on the host-parasite association. For example, we have previously shown that mosquito gene expression can differ significantly between the natural system *An. gambiae/P. falciparum* and the model system *An. gambiae/P. berghei* (Tahar et al., 2002).

During a study of the *An. gambiae – P. falciparum* combination, we have previously identified several *An. gambiae* midgut transcripts whose expression was regulated upon ingestion of *P. falciparum* (Bonnet et al., 2001). We characterized one of these genes, *cpbAg1*, and showed that it encodes an active carboxypeptidase B expressed in the mosquito midgut (Lavazec et al., in press). *cpbAg1* belongs to a family of 23 carboxypeptidases among which only two putative carboxypeptidase B-encoding genes, *cpbAg1* and *cpbAg2*, are expressed at a significant level in *An. gambiae* midgut. Here, we show that *cbpAg1* and *cpbAg2* are strongly upregulated upon ingestion of the invasive stage of *P. falciparum* but not upon ingestion of *P. berghei*. Importantly, infecting *An. gambiae* with field populations of *P. falciparum* we provide evidence that carboxypeptidase B activity is critical for the development of the human malaria parasite in its natural host.

MATERIAL AND METHODS

Mosquitoes

All experiments were performed with *Anopheles gambiae* Yaoundé strain (Tchuinkam et al., 1993) either at the Pasteur Institute (Paris, France) or at the IRD (Yaoundé, Cameroon and Dakar, Senegal). Mosquitoes were reared at 26°C and 80% relative humidity, under a 12h light / dark cycle. Dissections were performed in cold phosphate-buffered saline at 4°C. Midguts and carcasses (whole mosquito minus midgut) were stored at - 80°C until RNA or protein extraction.

Field infection of *An. gambiae* with *P. falciparum*

Asymptomatic village people (Senegal) or schoolchildren aged ≤ 10 years old (Cameroon) were mass-screened to detect parasite carriers as previously described (Tahar et al., 2002). All participants were volunteers and the consent of the children's parent was obtained. The experimental protocols were approved by the Cameroonian and the Senegalese National Ethics Committees. Infections and control experiments were performed with the blood from gametocyte carrier volunteers and with the blood from parasite-free donors, respectively. Venous blood (10 ml) was collected in a heparin coated and pre-warmed tube, centrifuged for 5 minutes, 5,000 rpm, at 37°C and the serum of the patient immediatly replaced with a prewarmed AB serum collected from donors not living in a malaria endemic country. For each experiment, batches of 60 nulliparous female mosquitoes (5 days old) starved from sugar for 24h were fed for 10 minutes, using the artificial membrane feeding technique (Tchuinkam et al., 1993). Fully engorged females were maintained at the insectarium until dissection. For each experiment a control batch of mosquitoes was used to determine the rate and intensity of infection by oocyst detection on day 7 post feeding. As described below these basic procedures for infecting *An. gambiae* with *P. falciparum* were modified to answer specific issues.

P. berghei infections

Swiss mice were peritoneally inoculated with *P. berghei* gametocyte-producing ANKA 2.34 strain or gametocyte-defective ANKA 2.33 strain. Batches of 60 mosquitoes were fed on infected or non infected mice for 10 minutes. Fully engorged females were maintained at 21°C, 80% humidity, until dissection. Three independant infection experiments were performed with each strain and three non infected mice were used as control. The proportion of *P. berghei* infected mosquitoes on day 11 ranged from 51.7% to 80% for infections with the ANKA gametocyte-producing strain 2.34. As expected, no oocysts were detected on midguts from mosquitoes fed on the ANKA gametocyte-defective strain 2.33.

Gene expression analysis

To follow gene expression after *P. falciparum* infection, midguts were isolated from at least 10 females at 14h, 24h and 48h post blood meal (PBM). We analysed three infection experiments that led to infection rate of *An. gambiae* higher than 42% on day 7. To discriminate between the biological effect of gametocytes and asexual stages, a series of three experiments was performed with *in vitro P. falciparum* cultured asexual stages (3D7 strain). Just before feeding the mosquitoes, infected red blood cells were centrifuged for 10 minutes at 2,000 rpm and resuspended in a mixture of washed uninfected red blood cells and human AB serum. A batch of control mosquitoes was fed with the same uninfected red blood cells treated as described above and supplemented with AB serum.

To follow gene expression after *P. berghei* infection, pools of 20 midguts were dissected at 14h, 24h and 48h PBM for mosquitoes fed on the gametocyte-producing and gametocyte-defective *P. berghei* strains (See above).

Total RNA was extracted from midguts using the Tri Reagent® kit (M.R.C.Inc) according to the manufacturer's instructions and RNA was treated with the DNA-free® kit (Ambion). Absence of contaminating genomic DNA in each RNA sample was checked by specific amplification of the *cpbAg1* gene using the following primers : *cpbAg1*U: 5'-GGCGGCTGAGGCGTGACT-3' and *cpbAg1*L: 5'-GACGGGTCTGATCGACTG-3'. Each RT experiment was performed with 100 ng of RNA incubated with a random hexamer mixture and MMLV reverse transcriptase (400 units per reaction, Invitrogen) in a final volume of 40 μl. To minimize variations during the reverse transcitption step, RT reactions were performed in triplicate and RT products were pooled. Real-time PCR was performed using the dsDNA dye SyberGreen® (MasterMix Perkin Elmer) and the iCycler® apparatus (Bio-Rad). PCR experiments were performed in quintuplicate in 25 μl final volume containing 900 nM of each forward and reverse primer and 5 μl of a 1/5 dilution of the RT product. Relative quantification of *cpbAg1* or *cpbAg2* mRNA was performed using the standard curve method (User Bulletin 2, ABI) and the ribosomal protein S7 mRNA as endogenous reference. The relative amounts of *cpbAg1* mRNA, *cpbAg2* mRNA and S7 mRNA was determined from a standard curve constructed using an mRNA sample of known concentration. The primers used for amplification were :

S7U: 5'-CACCGCCGTGTACGATGCCA-3'; S7L: 5'-ATGGTGGTCTGCTGGTTCTT-3' ; cpbAg2U: 5'-TCCGGCACAATTGGACTACT-3' ; cpbAg2L: 5'-TACCGCAGGTACTTGTTGAG-3' ; and cpbAg1U and cpbAg1L described above.

Enzymatic Assays on midgut extracts.

To assess midgut carboxypeptidase B activity, midguts were dissected from unfed mosquitoes and mosquitoes fed on non infected and *P. falciparum* infected blood at different times post blood meal (14h, 24h, 48h). Samples were homogenized in E buffer (100 mM NaCl / 50 mM Hepes / 100 μM ZnCl$_2$ pH 7.2) using a hand-held plastic pestle and centrifuged at 10,000g, 4°C, for 20 min. Activities were assayed in 20 μl of E buffer containing 1mM Hippuryl-Arg as carboxypeptidase B substrate. The reaction was started by the addition of 20 μl of midgut extract (equivalent to one midgut), incubated at 25°C for 10 to 40 min, and stopped by the addition of 20 μl of Ninhydrin reagent (Sigma). The rate of the reaction was measured estimating the released amino acids by the ninhydrin procedure (Moore and Stein, 1948). One unit of enzyme activity was defined as μmol of amino acids released / min. For all assays, triplicate reactions were performed with extracts from pools of 10 midguts corresponding to three independent infection experiments and pools of 20 midguts from two independent experiments with non infected blood .

P. falciparum transmission blocking assay

In these series of experiments, the serum of the patient was replaced either with the rabbit serum directed against a recombinant CPBAg1 (Lavazec et al., in press) or with the rabbit immune serum mixed with human AB serum (ratio 1:1). As a control, the serum of the patient was replaced either with a non-immune rabbit serum, or with a mixture of non-immune rabbit serum and human AB serum in the same ratio. The volumes of serum required for these experiments precluded the use of the pre-immune rabbit serum. Rate and intensity of infection were scored on day 7 after blood feeding by detection of oocysts on the mosquito midgut wall. These experiments were performed at least three times with a control providing an infection rate close to or above 50%.

Effect of carboxypeptidase B substrates, free L-arginine and free L-lysine on *P. falciparum* development

Mosquito infections were performed with the blood from volunteers harboring a low gametocytaemia as described above, except that 10 μl of L-arginine (Sigma), L-lysine (Sigma) or Hippuryl-Lysine (Sigma) at 10, 1 and 0.1 mM in TrisHCl 50mM pH 7.2, or 10 μl of Hippuryl-Arginine (Sigma) at 1, 0.1 and 0.01 mM in TrisHCl 50mM pH 7.2 were added to 500 μl of *P. falciparum* infected blood just before mosquito feeding. As a control 10 μl of TrisHCl 50mM pH 7.2 was added to the *P. falciparum* infected blood. Three infections were performed with each substrate and with L-arginine, and only two infections with L-lysine. Rate and intensity of infection were scored on day 7 after blood feeding by detection of oocysts on the mosquito midgut wall.

Statistical analysis

For gene expression analysis, significant differences in gene expression ratios were evaluated with the Wilcoxon test. For transmission blocking assays and infections with carboxypeptidase substrates or products, significant differences in infection prevalence rates were evaluated by χ^2 analyses.

RESULTS

Expression profile of *cpbAg1* and *cpbAg2* in mosquitoes infected with *Plasmodium*

As *cpbAg1* was initially selected because its expression was modified upon ingestion of *P. falciparum*, we undertook a detailled study of its expression pattern in mosquitoes fed on non infected and *Plasmodium* infected blood using real time quantitative RT-PCR. We also analysed the expression pattern of *cpbAg2*, which is the only other putative carboxypeptidase B-encoding gene expressed in *An. gambiae* midgut. Gene expression was monitored at different times post blood meal corresponding to the transformation of zygotes into ookinetes (14h), to the interaction of ookinetes with the peritrophic matrix and midgut cells (24h), and to the migration and early differentiation of ookinetes into oocysts (48h).

Mosquitoes were first infected with *in vitro* cultures of *P. falciparum* asexual stages (3D7 strain, 1,000 asexual stages/μl) which did not harbor gametocytes, and therefore will not develop further in the mosquito. As expected, no oocyst was detected on day 7 PBM on midguts of mosquitoes fed on theses cultures. Mosquitoes were then infected with blood from volunteers which contained gametocytes but not asexual stages, as assessed by microscopic examination of thick blood smears. The gametocyte loads varied from 50 to 2,600 gametocytes per microliter of blood. The proportion of infected mosquitoes fed on the blood from these gametocyte carriers was greater than 42% on day 7 PBM, with an intensity of infection varying from 1 to 80 oocysts per positive midgut.

As shown in Figure 1, expression of *cpbAg1* and *cpbAg2* differed substantially in mosquitoes fed on *P. falciparum* gametocytes compared to mosquitoes fed on uninfected blood or on blood containing asexual parasites. At 14h PBM, *cpbAg1* was over-expressed with a 6.2 fold increase above the level detected in mosquitoes fed on non infected blood (Figure 1, A). Its expression then gradually decreased over time, remaining 2.3 fold above the control level at 48h PBM (Figure 1, B-C). In contrast, *cpbAg2* was moderately upregulated : at 14h PBM, where it showed a 2.2 fold over-expression, and at 48h PBM, with a 1.8 fold over-expression (Figure 1, D-F). In mosquitoes fed on *P. falciparum* asexual stages, expression of *cpbAg1* and *cpbAg2* was slightly repressed at 14h PBM but was similar to that of the control at the other time points. Therefore, expression of both *cpbAg1* and *cpbAg2* is upregulated in mosquitoes fed on *P. falciparum* gametocytes, but not in mosquitoes fed on *P. falciparum* asexual stages.

Mosquitoes were next infected with *P. berghei*, a species that infects rodents and is not naturally transmitted by *An. gambiae*. Mosquitoes fed on the gametocyte-producing ANKA 2.34 strain or the gametocyte-defective ANKA 2.33 strain displayed a similar expression of *cpbAg1* as mosquitoes fed on uninfected mice, except at 48h PBM where *cpbAg1* expression was slightly increased in mosquitoes fed on ANKA 2.34 (Figure 2, A-C). In contrast, expression of *cpbAg2* appeared to be down-regulated in mosquitoes fed on either ANKA 2.34 from 14h to 48h PBM or ANKA 2.33 at 14h PBM (Figure 2, D-F). The strongest effect was observed at 24h PBM with a 68% reduction of expression when compared to mosquitoes fed on non infected mice.

Taken together these results show that *P. falciparum* gametocytes specifically upregulate the expression of both carboxypeptidases, particularly *cpbAg1*, in the midgut of *An. gambiae*.

P. falciparum modifies carboxypeptidase B activity in *An. gambiae* midgut

To determine if the upregulation of *cpbAg1* and *cpbAg2* in *P. falciparum* infected mosquitoes correlates to a modified carboxypeptidase B activity in the mosquito midgut, enzymatic activity was assessed in mosquitoes fed on non infected and *P. falciparum* gametocytes-containing blood. As depicted in Figure 3, CPB activity in midguts of mosquitoes fed on *P. falciparum* gametocytes increased greatly at 14h PBM whereas this increase occurred only at 24h PBM in uninfected mosquitoes. CPB activity in infected mosquitoes at 14h and 24h PBM is very similar to that detected at 24h PBM in uninfected mosquitoes. Between 24h and 48h PBM, the enzymatic activity decreased more gradually in infected mosquitoes compared to uninfected mosquitoes. These results show that CPB activity in *An. gambiae* midgut is increased upon ingestion of *P. falciparum* gametocytes, particularly at 14h PBM.

Carboxypeptidase B substrates and L-arginine enhance the efficiency of *P. falciparum* development

The increase of CPB activity upon *P. falciparum* ingestion suggests that this activity may have an effect on the parasite development within the mosquito midgut. Since carboxypeptidases B cleave lysine and arginine residues at the C-terminal protein ends, their activity increases the levels of free lysine and/or arginine residues in the medium. To test whether CPB activity has an effect on *P. falciparum* development, we developed two assays to increase the amount of free arginine or lysine in the midgut lumen, by adding to the gametocyte-containing blood meal the di-peptide Hippuryl-Arginine or Hippuryl-Lysine, as carboxypeptidase B substrates, or free L-arginine. In order to detect an increase in the rate and intensity of the mosquito infection, experiments were performed with blood from low gametocytemia carriers which gave a low degree of mosquito infection. As shown in Table 1, addition of either Hippuryl-Arginine or Hippuryl-Lysine increased the proportion of infected mosquitoes. Under our experimental conditions, the increase varied from 4 to 6 fold for Hippuryl-Arginine and from 5.5 to 11 fold for Hippuryl-Lysine. However, no significant effect was detected on the intensity of infection as measured by the number of oocysts. Addition of L-arginine to the infected blood meal also increased the degree of mosquito infection from 2.6 to 4 fold (Table 2). We also tested the effect of adding of L-Lysine to an infected blood meal. Neither the numbers of infected mosquitoes nor the intensity of infection were modified significantly (data not shown). These experiments were performed with the blood from gametocyte carriers harboring high gametocytaemia, leading to a higher infection rate among the control group (58%) than in the previous experiments, and thus it is possible that the effect of lysine has been masked.

Anti-CPBAg1 serum inhibits *P. falciparum* development

The data presented above suggested that carboxypeptidase B activity facilitated *P. falciparum* development. Therefore, we assessed the effect of adding antibodies directed against CPBAg1 to a *P. falciparum* gametocyte-containing blood meal. We used antibodies raised against a recombinant CPBAg1 protein that specifically recognized CPBAg1 protein in midgut extracts (Figure 4). As expected, the non immune serum used as a control did not recognize CPBAg1 or any protein in midgut and carcass extracts. As shown in Table 3, the addition of the anti-CPBAg1 serum to a *P. falciparum* gametocyte-containing blood meal led to a reduction of at least 94 % in the number of infected mosquitoes on day 7 post infection compared to the control experiments using a non-immune rabbit serum. These results were reproduced in three independent infection experiments using either undiluted or diluted anti-CPBAg1 rabbit serum. In addition, the small number of infected mosquitoes fed on the anti-CPBAg1 antibodies containing blood meal harbored very few oocysts compared to the control groups fed on the same infected blood supplemented with non-immune rabbit serum. Therefore, the serum directed against CPBAg1 exhibits a blocking-effect against *P. falciparum* development in *An. gambiae,* suggesting that CPBAg1 activity is required for parasite development.

DISCUSSION

The data reported here show that carboxypeptidase B (CPB) activity involving CPBAg1 and possibly CPBAg2, two midgut CPB, modulated *P. falciparum* development in *An. gambiae* midgut. We showed that expression of both *cpbAg1* and *cpbAg2* are upregulated upon ingestion of *P. falciparum* gametocytes. As the serum of the *P. falciparum* carriers was replaced with serum from blood of individuals not living in a malaria endemic country, this effect appears to be associated with the presence of *P. falciparum* gametocytes in the ingested blood. Addition of CPB substrates or arginine, a product of CPB activity, to an infected blood meal strongly enhanced the efficiency of *P. falciparum* development, suggesting that CPB activity favors the successful development of *P. falciparum* within *An. gambiae* midgut. Moreover, adding antibodies directed against CPBAg1 to a *P. falciparum*-containing blood meal blocked the development of the parasite in the mosquito midgut, providing evidence that CPBAg1 is required for its successful development.

In a previous study, we have reported that *cpbAg1* and *cpbAg2* are the only CPB genes expressed at a significant level in the midgut of *An. gambiae*. *cpbAg1* mRNA is strongly reduced upon non infected blood feeding, suggesting that CPBAg1 may be quickly translated after a bloodmeal and may be involved in the first stages of blood digestion (Lavazec et al., in press). In contrast, *cpbAg2* is upregulated between 3 hours and 48 hours after blood feeding, suggesting that CPBAg2 is involved later in the digestive process (unpublished data). Here, we show that ingestion of *P. falciparum* gametocytes upregulate expression of both *cpbAg1* and *cpbAg2* and trigger an early production of CPB enzyme in the mosquito midgut. It has been reported that the enzymatic activity of carboxypeptidase A, another type of digestive carboxypeptidase, was not modified in non infected or *Plasmodium yoelii* infected *Anopheles stephensi* (Jahan et al., 1999). In contrast, the over-expression of a midgut specific carboxypeptidase gene in Tsetse flies infected with *Trypanosoma brucei* has been described (Yan et al., 2002). To our knowledge, no other report on the modification of carboxypeptidase expression during the development of midgut parasites in Diptera is available.

Whereas midgut expression of both *cpbAg1* and *cpbAg2* were induced during the development of *P. falciparum* this did not occur during the development of *P. berghei*. On the contrary, the *P. berghei* gametocyte-producing strain repressed expression of *cpbAg2*. As we used infection conditions that were as similar as possible in the two parasite systems, these differences are likely to be due to differences in the interaction of *An. gambiae* with the two parasite species. These data provide another example of the differences in mosquito gene expression between the naturel system *An. gambiae/P. falciparum* and the model system *An. gambiae/P. berghei*, as we have previously reported (Tahar et al., 2002).

What could be the role of *An. gambiae* carboxypeptidases during *P. falciparum* development? Two main hypotheses can be proposed : CPBAg1 and CPBAg2 act directly or indirectly on the parasite. Carboxypeptidases B remove lysine or arginine residues from the carboxyterminus of peptides and proteins. Since the addition of carboxypeptidase products enhanced *P. falciparum* development, it is likely that CPBAg1 and CPBAg2 do not act directly on the parasite. Therefore, one can postulate that L-arginine metabolism has an effect on the development of *P. falciparum*. Indeed, arginase hydrolyzes L-arginine to urea and L-ornithine, which is a precursor for the synthesis of polyamines via the ornithine decarboxylase (ODC) pathway. Furthermore, the inhibition of the ODC pathway inhibits the erythrocytic schizogony of *P. falciparum* and the sporogonous cycle of *P. berghei* in *An. stephensi* (Bitonti et al., 1987; Gillet et al., 1983). Therefore, L-arginine may favor *Plasmodium* growth, presumably as a precursor for the synthesis of polyamines which play an important role in regulating the cell cycle of the malarial parasite (Bachrach and Abu-Elheiga, 1990).

L-arginine is an essential amino acid not only for the parasite but also for the mosquito (Clements, 1992). Indeed, free amino-acids including arginine produced from blood digestion are essential components for triggering vitellogenesis (Hansen et al., 2004). In addition, arginine kinase catalyzes the production of phosphoarginine, which is the principal reserve of high energy phosphate compounds in insect muscle (Schneider et al., 1989). Therefore, there could be a competition between *P. falciparum* and *An. gambiae* for L-arginine. As our data show that addition of Hippuryl-Lysine also enhanced *P. falciparum* development, it is likely that both the parasite and the mosquito also compete for L-lysine. The consumption of free arginine and free lysine by *P. falciparum* might induce a depletion in the arginine and lysine pools needed for the mosquito that could be countered balanced by upregulating CPB encoding genes, as observed in this report.

In conclusion, our data show that *P. falciparum* enhances the expression of two *An. gambiae* midgut carboxypeptidase B genes and that carboxypeptidase B activity is critical for the successful development of *P. falciparum* in the midgut of this mosquito. This data constitutes the first detailed report on the characterisation of *An. gambiae* molecules involved in the successful development of the human malaria parasite. Importantly, the ability of antibodies against carboxypeptidase to reduce the infectivity of *P. falciparum* in *An. gambiae* makes CPBAg1, and possibly CPBAg2, the first candidat *An. gambiae* molecules for a *P. falciparum* transmission blocking vaccine based on a mosquito antigen.

REFERENCES

Bachrach, U. and Abu-Elheiga, L. (1990) Effect of polyamines on the activity of malarial alpha-like DNA polymerase. *Eur J Biochem*, 191, 633-637.

Billker, O., Lindo, V., Panico, M., Etienne, A.E., Paxton, T., Dell, A., Rogers, M., Sinden, R.E. and Morris, H.R. (1998) Identification of xanthurenic acid as the putative inducer of malaria development in the mosquito. *Nature*, 392, 289-292.

Bitonti, A.J., McCann, P.P. and Sjoerdsma, A. (1987) *Plasmodium falciparum* and *Plasmodium berghei*: effects of ornithine decarboxylase inhibitors on erythrocytic schizogony. *Exp Parasitol*, 64, 237-243.

Bonnet, S., Prevot, G., Jacques, J.C., Boudin, C. and Bourgouin, C. (2001) Transcripts of the malaria vector *Anopheles gambiae* that are differentially regulated in the midgut upon exposure to invasive stages of Plasmodium falciparum. *Cell Microbiol*, 3, 449-458.

Clements, A.N. (1992) *The biology of mosquitoes*. Chapman and Hall, London.

Dimopoulos, G., Seeley, D., Wolf, A. and Kafatos, F.C. (1998) Malaria infection of the mosquito *Anopheles gambiae* activates immune-responsive genes during critical transition stages of the parasite life cycle. *EMBO Journal*, 17, 6115-6123.

Dinglasan, R.R., Fields, I., Shahabuddin, M., Azad, A.F. and Sacci, J.B., Jr. (2003) Monoclonal antibody MG96 completely blocks *Plasmodium yoelii* development in Anopheles stephensi. *Infect Immun*, 71, 6995-7001.

Feldmann, A.M., Billingsley, P.F. and Savelkoul, A. (1990) Bloodmeal digestion of strains of *Anopheles stephensi* Liston (Diptera : Culicidae) of differing susceptibility to *Plasmodium falciparum*. *Parasitology*, 101, 193-200.

Garcia, G.E., Wirtz, R.A. and Rosenberg, R. (1997) Isolation of a substance from the mosquito that activates *Plasmodium* fertilization. *Molecular and Biochemical Parasitology*, 88, 127-135.

Gass, R.F. (1977) Influence of blood digestion on the development of *Plasmodium gallinaceum* (Brumpt) in the midgut of *Aedes aegypti* (L). *Acta Tropica*, 34, 127-140.

Gass, R.F. and Yeates, R.A. (1979) In vitro damage of cultured ookinetes of *Plasmodium gallinaceum* by digestive proteinases from susceptible *Aedes aegypti*. *Acta Tropica*, 36, 243-252.

Gillet, J.M., Charlier, J., Bone, G., Mulamba, P.L., Bown, D.P., Wilkinson, H.S. and Gatehouse, J.A. (1983) Plasmodium berghei: inhibition of the sporogonous cycle by alpha-difluoromethylornithine. *Exp Parasitol*, 56, 190-193.

Gouagna, L.C., Mulder, B., Noubissi, E., Tchuinkam, T., Verhave, J.P. and Boudin, C. (1998) The early sporogonic cycle of Plasmodium falciparum in laboratory-infected *Anopheles gambiae*: an estimation of parasite efficacy. *Tropical Medicine & International Health*, 3, 21-28.

Grotendorst, C.A. and Carter, R. (1987) Complement effects of the infectivity of *Plasmodium gallinaceum* to *Aedes aegypti* mosquitoes. II. Changes in sensitivity to complement-like factors during zygote development. *J Parasitol*, 73, 980-984.

Hansen, I.A., Attardo, G.M., Park, J.H., Peng, Q. and Raikhel, A.S. (2004) Target of rapamycin-mediated amino acid signaling in mosquito anautogeny. *Proc Natl Acad Sci U S A*, 101, 10626-10631.

Ito, J., Ghosh, A., Moreira, L.A., Wimmer, E.A. and Jacobs-Lorena, M. (2002) Transgenic anopheline mosquitoes impaired in transmission of a malaria parasite. *Nature*, 417, 452-455.

Jahan, N., Docherty, P.T., Billingsley, P.F. and Hurd, H. (1999) Blood digestion in the mosquito, *Anopheles stephensi*: the effects of *Plasmodium yoelii nigeriensis* on midgut enzyme activities. *Parasitology*, 119 (Pt 6), 535-541.

Kaslow, D.C. (1997) Transmission-blocking vaccines: uses and current status of development. *Int J Parasitol*, 27, 183-189.

Lal, A.A., Patterson, P.S., Sacci, J.B., Vaughan, J.A., Paul, C., Collins, W.E., Wirtz, R.A. and Azad, A.F. (2001) Anti-mosquito midgut antibodies block development of *Plasmodium falciparum* and *Plasmodium vivax* in multiple species of *Anopheles* mosquitoes and reduce vector fecundity and survivorship. *Proceedings of the National Academy of Sciences of the United States of America*, 98, 5228-5233.

Lavazec, C., Bonnet, S., Thiery, I., Boisson, B. and Bourgouin, C. (In press). *cpbAg1* encodes an active carboxypeptidase B expressed in the midgut of *Anopheles gambiae*. *Insect Mol Biol*.

Luckhart, S., Vodovotz, Y., Cui, L.W. and Rosenberg, R. (1998) The mosquito *Anopheles stephensi* limits malaria parasite development with inducible synthesis of nitric oxide. *Proceedings of the National Academy of Sciences, U.S.A.*, 95, 5700-5705.

Moore, S. and Stein, W.H. (1948) Photometric ninhydrin method for use in the chromatography of amino acids. *J Biol Chem*, 176.

Oduol, F., Xu, J.N., Niare, O., Natarajan, R. and Vernick, K.D. (2000) Genes identified by an expression screen of the vector mosquito *Anopheles gambiae* display differential molecular immune response to malaria parasites and bacteria. *Proceedings of the National Academy of Sciences, U.S.A.*, 97, 11397-11402.

Osta, M.A., Christophides, G.K. and Kafatos, F.C. (2004) Effects of mosquito genes on Plasmodium development. *Science*, 303, 2030-2032.

Ramasamy, M.S., Kulasekera, R., Wanniarachchi, I.C., Srikrishnaraj, K.A. and Ramasamy, R. (1997) Interactions of human malaria parasites, *Plasmodium vivax* and *P.falciparum*, with the midgut of *Anopheles* mosquitoes. *Medical & Veterinary Entomology*, 11, 290-296.

Richman, A.M., Dimopoulos, G., Seeley, D. and Kafatos, F.C. (1997) *Plasmodium* activates the innate immune response of *Anopheles gambiae* mosquitoes. *EMBO Journal*, 16, 6114-6119.

Schneider, A., Wiesner, R.J. and Grieshaber, M.K. (1989) On the role of arginine kinase in insect flight muscle. *Insect Biochemistry*, 19, 471-480.

Shahabuddin, M. and Kaslow, D.C. (1994) *Plasmodium*: Parasite chitinase and its role in malaria transmission. *Experimental Parasitology*, 79, 85-88.

Sieber, K.-P., Huber, M., Kaslow, D., Banks, S.M., Torii, M., Aikawa, M. and Miller, L.H. (1991) The peritrophic membrane as a barrier : its penetration by *Plasmodium gallinaceum* and the effect of a monoclonal antibody to ookinetes. *Experimental Parasitology*, 72, 145-156.

Sinden, R.E., Alavi, Y.I.H., Butcher, G.A., Dessens, J.T., Raine, J.D. and Trueman, H.E. (2004) Ookinete cell biology. In Waters, A.P.a.J., C.J. (ed.), *Malaria parasites:*

Genomes and Molecular Biology. Caister Academic Press, Wymondham, UK, pp. 475-500.

Tahar, R., Boudin, C., Thiery, I. and Bourgouin, C. (2002) Immune response of Anopheles gambiae to the early sporogonic stages of the human malaria parasite *Plasmodium falciparum. Embo J*, 21, 6673-6680.

Tchuinkam, T., Mulder, B., Dechering, K., Stoffels, H., Verhave, J.P., Cot, M., Carnevale, P., Meuwissen, J.H.E.T. and Robert, V. (1993) Experimental Infections of *Anopheles gambiae* with *Plasmodium falciparum* of Naturally Infected Gametocyte Carriers in Cameroon - Factors Influencing the Infectivity to Mosquitoes. *Tropical Medicine and Parasitology*, 44, 271-276.

Vaughan, J.A., Noden, B.H. and Beier, J.C. (1994) Sporogonic development of cultured *Plasmodium falciparum* in six species of laboratory-reared *Anopheles* mosquitoes. *American Journal of Tropical Medicine and Hygiene*, 51, 233-243.

Yan, J., Cheng, Q., Li, C.-B. and Aksoy, S. (2002) Molecular characterization of three gut genes from *Glossina morsitans morsitans*: cathepsin B, zinc-metalloprotease and zinc-carboxypeptidase. *Insect Mol Biol*, 11, 57-65.

Acknowledgements

We thank R. Ménard for critical reading of the manuscript and helpful suggestions. We are grateful to P. Baldacci and F. Frischknecht for correcting the English and comments. We are grateful to C. Thouvenot and J-C. Jacques, members of CEPIA (Center for Production and Infection of *Anopheles,* Pasteur Institute), for mosquito rearing. We thank A. Waters for supplying *P. berghei* 2.33 and 2.34 ANKA strains. This project was supported by fellowships to C. Lavazec (F. Lacoste, CANAM, Fondation des Treilles) and research funds from the Pasteur Institute and the French Ministry of Research (PAL+ Special Program). We are specially grateful to F. Lacoste for constant support of C. Lavazec.

FIGURE LEGENDS

Figure 1. Quantitative expression of *cpbAg1* **(A, B, C) and** *cpbAg2* **(D, E, F) in** *An.* *gambiae* **midguts after ingestion of** *Plasmodium falciparum.*

Real-time PCR expression of *cpbAg1* (A, B, C) and *cpbAg2* (D, E, F) at different time points (14h, 24h, 48h) after ingestion of gametocyte-containing blood (grey bars) or asexual stage-containing blood (white bars). Results were plotted as % of the expression level in midguts of mosquitoes fed on non infected control blood set at 100% (black bars), after normalization of the data to the expression level of the ribosomal protein S7 gene. Bars indicate standard deviation from three independent infection experiments. * Significant, $P < 0.05$.

Figure 2. Quantitative expression of *cpbAg1* **(A, B, C) and** *cpbAg2* **(D, E, F) in** *An.* *gambiae* **midguts after ingestion of** *Plasmodium berghei.*

Real-time PCR expression ratio of *cpbAg1* (A, B, C) and *cpbAg2* (D, E, F) at different time points (14h, 24h, 48h) after feeding on *P. berghei* 2.34 infected mice (gametocyte-producing strain, grey bars) or on *P. berghei* 2.33 infected mice (non gametocyte-producing strain, white bars). Results were plotted as % of the expression level in midguts of mosquitoes fed on non infected mice, set at 100 (black bars) after normalization of the data to the expression level of the ribosomal protein S7 gene. Bars indicate standard deviation from from three independent infection experiments. * Significant, $P < 0.05$.

Figure 3. Carboxypeptidase activity in non infected and *P.falciparum* **infected** *An.* *gambiae* **midgut.** CPB activity was determined in midguts isolated before and at 14h, 24h, and 48h after ingestion of a non infected human blood meal (●) and *P. falciparum* infected human blood meal (○).

Figure 4. Analysis of anti-CPBAg1 serum specificity by western-blot.

A and A' :10 μg of protein from sugar-fed mosquito midguts ; B and B' : 10 μg of protein from sugar-fed mosquito carcasses ; C and C' : 10 ng of CPBAg1 recombinant protein. The blots were probed either with anti-CPBAg1 rabbit serum or non immune rabbit serum at a dilution of 1 : 500. The anti-CPBAg1 serum, unlike the non immune rabbit serum, recognizes two bands corresponding to the uncleaved (48.2 KDa) and cleaved (37 KDa) CPBAg1 protein in mosquito midguts.

Treatment group		% Infected mosquitoes (number of dissected mosquitoes)	Mean number of oocysts (range)
Hippuryl-Arginine	control	6.7 (74)	1 (1)
	10μM	26.3 (80)	2.3 (1-10)
	100μM	40.9 (88)	2.1 (1-7)
	1mM	28 (50)	2.1 (1-8)
Hippuryl-Lysine	control	4.3 (70)	1 (1)
	100μM	41.1 (90)	2.4 (1-6)
	1mM	46.7 (92)	2.5 (1-12)
	10mM	23.8 (80)	2.1 (1-6)

Table 1: Effect of carboxypeptidase B substrates on *P. falciparum* development in *An. gambiae*.

An. gambiae were fed on *P. falciparum* infected blood supplemented with CPB substrates : Hippuryl-Arginine or Hippuryl-Lysine. Proportion of infected mosquitoes and oocyst counts per positive midgut were determined on day 7 post feeding. For each substrate and concentration tested, data from three independent infections were pooled. Data with carboxypeptidase B substrates were significantly different from those generated in control experiments (p<0.05). The infected blood harboured few gametocytes resulting in a low infection rate in the control and thereby allowing the detection of the effect of carboxypeptidase substrates.

Treatment group		% Infected mosquitoes (number of dissected mosquitoes)	Mean number of oocysts (range)
control		13.1 (84)	1.7 (1-5)
L-arginine	100μM	38.4 (86)	3.2 (1-13)
	1mM	34.4 (64)	5.3 (1-26)
	10mM	55.2 (58)	5.2 (1-31)

Table 2: Effect of L-arginine on *P. falciparum* development in *An. gambiae*.

An. gambiae were fed on *P. falciparum* infected blood supplemented with L-arginine at three different concentrations. Proportion of infected mosquitoes and oocyst counts per positive midgut were determined on day 7 post feeding. Data from three independent infections were pooled. Results from L-arginine treatment were significantly different from those obtained in control experiments (p< 0.05).

Experimental condition		% infected mosquitoes (Number of dissected mosquitoes)			mean number of oocysts (range)			% of reduction[a] R
		infection 1	infection 2	infection 3	infection 1	infection 2	infection 3	
non diluted serum	control	72.2 (18)	82.4 (34)	46.6 (30)	2.5 (1-6)	57.9 (1-150)	2.9 (1-11)	
	anti-CPBAg1	0 (30)	6.7 (30)	0 (30)	0	1.5 (1-2)	0	96.7
diluted serum	control	46.6 (30)	86.6 (30)	77.7 (27)	4 (1-8)	80 (1-200)	12.5 (1-61)	
	anti-CPBAg1	13.6 (22)	0 (30)	0 (30)	2 (1-3)	0	0	94.8

Table 3: Effect of anti-CPBAg1 serum on *P. falciparum* development in *An. gambiae*.

An. gambiae were fed on *P. falciparum* infected red blood cells supplemented with either undiluted or diluted anti-CPBAg1 serum (see M&M). Proportion of infected mosquitoes and oocyst counts per positive midgut were determined on day 7 post feeding. (a): % reduction was calculated as R%= 100 x [1-(% anti-CPBAg1 infected mosquitoes/% infected control mosquitoes)], using the mean value from each series of three infections. Data from experiments using the anti-CPBAg1 serum were significantly different from those obtained in control experiments (p< 0.05).

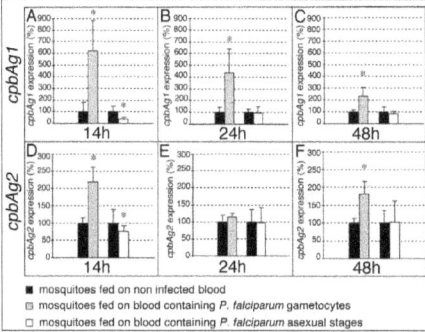

Figure 1. Quantitative expression of *cpbAg1* (A,B,C) and *cpbAg2* (D,E,F) in *An. gambiae* midguts after ingestion of *Plasmodium falciparum*.

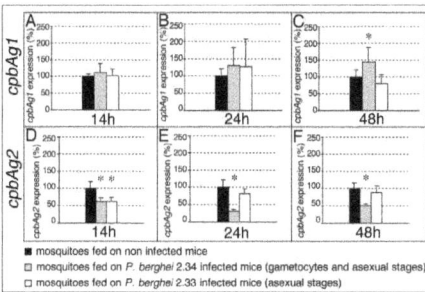

Figure 2. Quantitative expression of *cpbAg1* (A,B,C) and *cpbAg2* (D,E,F) in *An. gambiae* midguts after ingestion of *Plasmodium berghei*.

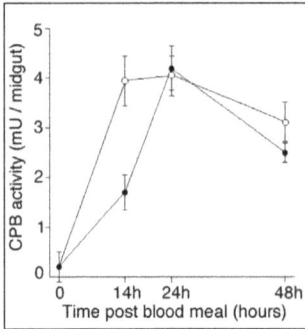

Figure 3. Carboxypeptidase activity in non infected and *P.falciparum* infected *An. gambiae* midgut.

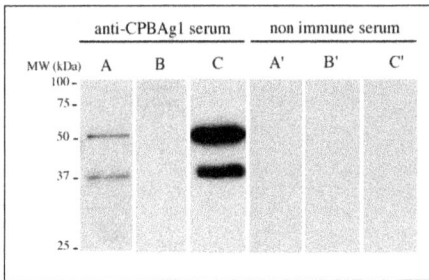

Figure 4 : Analysis of anti-CPBAg1 serum specificity by western-blot.

3ème partie :

CPBAg1 : une nouvelle cible
pour un vaccin bloquant la transmission?

La démonstration de l'implication de CPBAg1 dans le développement sporogonique de *P. falciparum* nous a conduit à analyser le potentiel de CPBAg1 en tant que nouvelle cible pour un vaccin bloquant la transmission de *Plasmodium.* Pour ce faire, nous avons vacciné des souris avec la protéine recombinante CPBAg1 et analysé l'efficacité de l'immunité induite par cette vaccination sur la transmission de *P. berghei* à *An. gambiae.* Nous avons montré que cette vaccination induisait la production d'anticorps, reconnaissant spécifiquement CPBAg1, capables d'inhiber le développement sporogonique de *P. berghei* chez le moustique. Les anticorps induits par cette vaccination affectent la prévalence d'infection (représentant le nombre de moustiques parasités par rapport au nombre de moustiques disséqués) mais ne semble pas modifier la charge en oocystes lorsque les moustiques sont infectés. La prévalence d'infection des moustiques gorgés sur souris immunisées avec une seule injection de la protéine recombinante est réduite en moyenne de 63% par rapport à celle des moustiques gorgés sur des souris non immunisées. Lorsque les souris reçoivent deux injections de la protéine, le titre d'anticorps spécifiques à CPBAg1 est trois fois supérieur et la prévalence d'infection des moustiques gorgés sur ces souris est réduite en moyenne de 50 % par rapport au contrôle. Enfin, nos résultats montrent que la quantité de parasites atteignant chaque stade de développmment (zygote à oocyste) diminue progressivement chez les moustiques gorgés sur souris immunisées, suggérant que les anticorps ne provoquent pas un blocage du développement parasitaire à un stade particulier.

Plusieurs observations peuvent être tirées de ces résultats. D'une part, l'efficacité de l'immunité anti-transmission n'est pas corrélée avec les titres d'anticorps anti-CPBAg1 mesurés chez les souris. De plus, cette immunité est effective dès trois semaines après une injection unique de l'antigène. D'autre part, la diminution progressive de l'intensité d'infection des moustiques gorgés sur souris immunisées suggère que les anticorps anti-CPBAg1 n'interviennent pas à un stade particulier du développement parasitaire, mais inhibent plutôt un processus physiologique du moustique essentiel au parasite durant son développement. Cela renforce notre hypothèse suggérant que l'arginine générée par l'activité de CPBAg1 est nécessaire au développement du parasite. D'autre part, l'efficacité de l'immunité anti-transmission décrite dans cette étude est inférieure à celle observée dans nos précédents résultats portant sur l'inhibition du développement de *P. falciparum.* En effet, nous avions montré une réduction de 94% de le prévalence d'infection des moustiques gorgés sur du sang contenant des gamétocytes de *P. falciparum* lorsque celui-ci était mélangé à des anticorps anti-CPBAg1. Les différences d'efficacité observées entre ces deux systèmes pourraient être dues au fait que les deux espèces plasmodiales interagissent de façon différente avec le moustique, en particulier avec CPBAg1.

Ces résultats sont très encourageants quant à l'utilisation de CPBAg1 comme nouvelle cible de vaccin bloquant la transmission. Des expériences complémentaires sont toutefois nécessaires pour augmenter l'efficacité de l'immunité anti-transmission induite par cette vaccination. D'une part, on devra évaluer le temps de protection induit par cette vaccination. D'autre part, l'efficacité anti-transmission des anticorps devra être évaluée par rapport à la production de sporozoïtes par le moustique, qui représentent les formes infectantes transmises à l'hôte vertébré. Dans la perspective d'utiliser un tel vaccin chez l'Homme, il faudra préalablement déterminer la spécificité des anticorps dirigés contre CPBAg1 afin d'écarter toute possibilité de réaction croisée avec des épitopes présents sur des carboxypeptidases humaines. En effet, les pourcentages d'identité entre CPBAg1 et les carboxypeptidases A et B humaines sont de l'ordre de 24% à 30% et les résidus impliqués dans l'activité enzymatique sont présents au niveau des régions les plus conservées de ces protéines (Figure 12). Il est donc nécessaire d'identifier sur la séquence de CPBAg1 des peptides représentant des épitopes spécifiques de cette protéine et dont la reconnaissance par des anticorps permettrait de bloquer l'activité de l'enzyme.

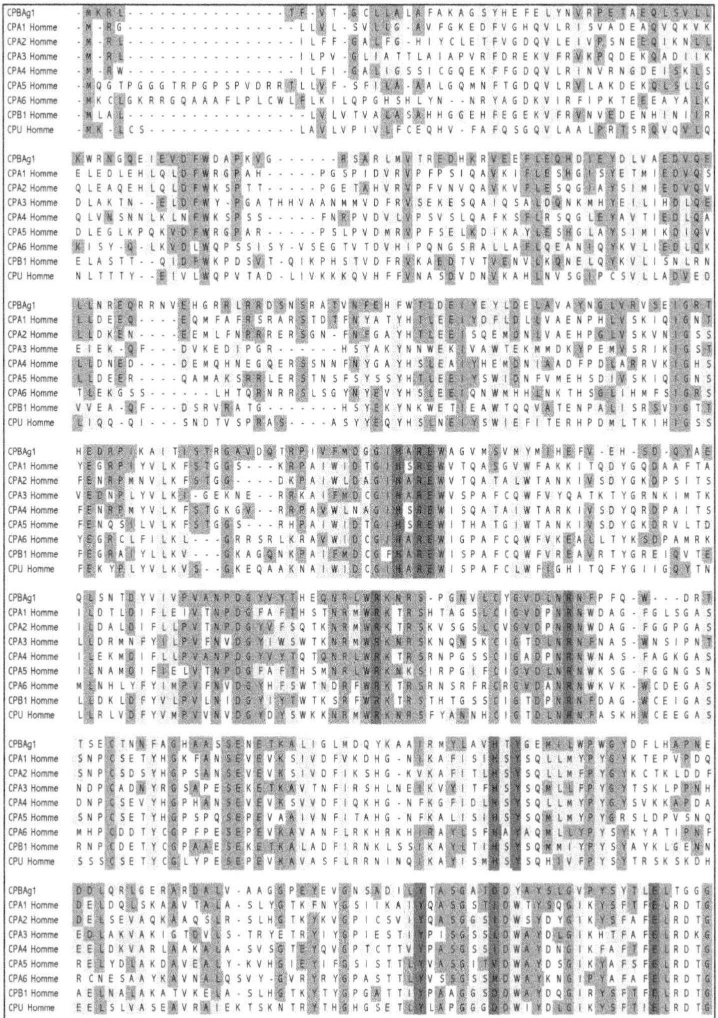

[Figure 12 : protein sequence alignment of CPBAg1 with human group A/B carboxypeptidases. The alignment is organized in blocks with the sequence labels in the left margin: CPBAg1, CPA1 Homme, CPA2 Homme, CPA3 Homme, CPA4 Homme, CPA5 Homme, CPA6 Homme, CPB1 Homme, CPU Homme.]

	id (%)	sim (%)
CPBAg1	-	-
CPA1 Homme	30.1	43.1
CPA2 Homme	29.2	44.4
CPA3 Homme	24.6	39.8
CPA4 Homme	27.8	43.8
CPA5 Homme	27.0	40.4
CPA6 Homme	24.9	37.3
CPB1 Homme	26.1	40.8
CPU Homme	24.1	39.1

Figure 12 : Alignement de CPBAg1 avec les carboxypeptidases humaines du groupe A/B.
La séquence protéique de CPBAg1 a été alignée à l'aide du programme ClustalW avec les séquences protéiques des carboxypeptidases humaines du groupe A/B (No accession NCBI CPA1: P15085; CPA2: P48052; CPA3: P15088; CPA4: Q9UI42; CPA5: Q8WXQ8; CPA6: Q8N4T0; CPB1: AAH15338; CPU (CPB2): AAT97987). En vert : résidus identiques, en jaune : résidus similaires, en rouge : résidus impliqués dans la liaison à l'atome de zinc, dans la liaison au substrat et dans le clivage de son résidu C-terminal. id et sim représentent les pourcentages d'identité et de similarité entre CPBAg1 et chacune des séquences.

Manuscrit 3

CPBAg1 elicits *Plasmodium* transmission-blocking antibodies in mice.

Lavazec C., Bonnet S., Thiberge S., Tahar R., Bourgouin C.

Short communication

CPBAg1 elicits *Plasmodium* transmission – blocking antibodies in mice

LAVAZEC C.[1], BONNET S.[2], THIBERGE S.[1], TAHAR R.[1], BOURGOUIN C.[1]

[1]Unité de Biologie et Génétique du Paludisme, Institut Pasteur, 25 rue du Dr Roux, 75015 Paris, France ; [2]Ecole Nationale Vétérinaire,UMR ENVN/INRA 1034, Atlanpole-La Chantrerie, B.P. 40706, 44307 Nantes cedex 03, France

Abstract

CPBAg1 is a carboxypeptidase B expressed in the midgut of *An. gambiae*. We have previously described, using membrane feeding assays, that rabbit serum against CPBAg1 drastically inhibited the development of *P. falciparum* in the mosquito midgut. Here, we show that immunization of mice with enzymatically active recombinant CPBAg1 protein, produced in the baculovirus expression system, induces high-titer antibodies capable of inhibiting the development of *P. berghei* in the mosquito. The rate of infection was reduced by 63% in mosquitoes fed on mice immunized with a single injection of the recombinant CPBAg1 protein compared to the mosquitoes fed on mice injected with adjuvant and PBS alone. Anti-CPBAg1 antibodies are more effective in reducing the rate than the intensity of *P. berghei* infection. Furthermore, parasite development is not blocked at a particular stage but parasite densities decreased gradually for 9 days after the infection. This is the first report of a transmission blocking vaccine target based on a characterized antigenic molecule from *An. gambiae*.

Introduction

Transmission of *Plasmodium* only occurs when sexual stages of parasites are ingested by a *Anopheles* female mosquito upon blood feeding on an infected vertebrate and undergo sporogonic development within the mosquito vector. Fertilization of gametes takes place in the mosquito midgut and the resulting zygotes transform into motile ookinetes. Ookinetes traverse the midgut epithelium and lodge between the basal lamina and midgut epithelium, where they develop into oocysts which produce thousands of sporozoites able to invade the mosquito salivary glands. Therefore, one strategy to achieve malaria control is the development of transmission-blocking vaccines (TBVs), which will promote, in the vertebrate host, the production of antibodies inhibiting the parasite development in the mosquito midgut. *Plasmodium* transmission-blocking strategies have mainly targeted *Plasmodium* antigens expressed at the sexual and sporogonic stages of the parasite. Antibodies against these antigens block parasite fertilization or prevent the passage of ookinetes across the mosquito midgut epithelium (Kaslow, 1997). For example, Pfs25, a molecule present on the surface of zygotes and ookinetes of the human malaria parasite *Plasmodium falciparum*, has been extensively investigated as a blocking immunogen (Barr et al., 1991; Coban et al., 2004; Gozar et al., 2001; Kaslow et al., 1994; Kaslow et al., 1991; Kaslow et al., 1989; Lobo et al., 1999; Vermeulen et al., 1985; Zou et al., 2003). An alternative approach consists in targeting mosquito molecules that the parasite encounters during sporogonic development. Antibodies directed against mosquito midgut homogenates or mosquito midgut glycoproteins were shown to inhibit *Plasmodium* sporogonic development (Almeida and Billingsley, 2002; Dinglasan et al., 2003; Lal et al., 2001; Lal et al., 1994; Ramasamy and Ramasamy, 1990; Srikrishnaraj et al., 1995). These data demonstrate that it is indeed feasible to limit *Plasmodium* transmission by antibodies targeted towards mosquito midgut determinants. However, the development of a TBV requires identification of a specific target. Whereas antibodies that inhibit trypsin activity in *Aedes aegypti* block transmission of the avian malaria parasite *Plasmodium gallinaceum* (Shahabuddin et al., 1996), no antigenic molecules have been identified as a component for a TBV in *Anopheles* mosquitoes, the vectors of the human malaria parasites.

We have previoulsy characterized an *Anopheles gambiae* carboxypeptidase B encoding gene (*cbpAg1*) whose midgut expression is upregulated in mosquitoes that ingested the human malaria parasite *P. falciparum* (Lavazec et al., in press; Lavazec et al, in preparation). In addition, we showed that ingestion of *P. falciparum* gametocytes increased midgut carboxypeptidase B activity and that adding antibodies directed against CPBAg1 to an infected blood meal, in membrane feeding assays, reduced by 94% the development of *P. falciparum* in the *An. gambiae* midgut (Lavazec et al, in preparation). Here, we report that immunization of mice with a recombinant CPBAg1 protein trigger the production of high-titer antibodies and that these antibodies reduce significantly the development of the rodent malaria parasite *P. berghei* in *An. gambiae* fed on immunized mice.

Materials and Methods

Mosquitoes

All experiments were performed with *Anopheles gambiae* Yaoundé strain (Tchuinkam et al., 1993). Mosquitoes were reared at 26°C and 80% relative humidity, under a 12h light / dark cycle. Dissections were performed in cold phosphate-buffered saline at 4°C. Midguts were stored at - 80°C until protein extraction.

Mice and immunizations

Immunizations were performed with a recombinant CPBAg1 protein expressed in insect cells using the baculovirus expression system (expression and purification of the recombinant protein are described in Lavazec et al, in press). The immunization protocol for the transmission blocking assays is shown in Figure 1. Eleven 3-to 4-week-old female Swiss outbred mice (CERJ, Le Genest St-Isle, France) were injected subcutaneously with 20 μg of recombinant CPBAg1 in sterile PBS, emulsified with complete Freund's adjuvant (Sigma). Eleven control mice were injected simultaneously with sterile PBS / adjuvant following the same protocol. On day 21 post-immunization, eight immunized mice and eight control mice (group 1) were challenged with *P. berghei* for transmission blocking assays (see below). The three other immunized mice were boosted with 10 μg of recombinant CPBAg1 formulated in incomplete Freund's adjuvant (Sigma) and the three other control mice were injected simultaneously with sterile PBS / incomplete adjuvant. These six mice, which constituted group 2, were challenged with *P. berghei* 21 days after the booster immunization. Sera from immunized and control mice of both groups were prepared from 100 μl blood samples collected the same day as mosquito feeding (24 days after the first and booster immunizations).

Transmission-blocking assays

On day 21 after the first and booster immunizations, mice were peritoneally inoculated with the *P. berghei* ANKA strain 2.34. On day 3 after infection, parasitemia and gametocytemia were determined using Giemsa stained thin blood smears, and the mice were used for mosquito feeding. Each mouse was placed onto a netted cage containing 50 starved 5-day-old *An. gambiae* females and feeding was carried out for 15 minutes at 21°C. After mosquito feeding, mice were bled to collect sera for ELISAs experiments and fully engorged mosquito females were maintained at 21°C, 80% humidity, until dissections. Rate of infection (number of infected mosquitoes / number of dissected mosquitoes) and intensity of infection (mean number of oocysts per positive midgut) were scored on day 9-11 after blood feeding by detection of oocysts on the mosquito midgut wall.

Effect of immunized mice sera on parasite development

To assess the effect of anti-CPBAg1 sera on parasite development, a new group of six mice was immunized as described above and six control mice were injected with PBS / adjuvant. These mice were inoculated 21 days later with the *P. berghei* PbGFPCON ANKA strain, which constitutively expresses GFP throughout the entire parasite life cycle (Franke-Fayard et al., 2004). On day 3 after *P. berghei* infection, gametocytemia were determined by Giemsa staining of thin blood smears and by GFP fluorescence detection. Batches of 100 mosquitoes were fed on individual mouse as described above and pools of 10 to 30 midguts from each batch were dissected 3h, 24h, 48h and 9 days after blood feeding to visualize zygotes, ookinetes, young oocysts and mature oocysts, respectively. Intensity of infection was scored by counting the number of zygotes and ookinetes within the mosquito midgut content, and the number of oocysts on the midgut wall. GFP fluorescence was visualized using GFP filter settings with a Zeiss Axiovert 25 fluorescence microscope.

Enzyme-linked immunosorbent assays (ELISAs)

Microtiter plates (Immuno-plate Maxisorp, Nunc) were coated with 50 ng/well of CPBAg1 in PBS, overnight at 4°C, and saturated with 100 μl/well 0.5% gelatine (Sigma) in PBS for 1h. Plates were then incubated for 90 min. with serial dilutions (1:50 to 1:36,450) of sera from immunized mice diluted in 0.5% gelatine / 0.1% Tween 20 (Merck) / PBS. Plates were washed extensively and incubated with a 1:1,000 dilution of goat anti-mouse immunoglobin G conjugated to horseradish peroxidase (Bio-Rad). After washes, the plates were developed with 100 μl/well of 0.4 mg/ml o-Phenylenediamine (OPD) (Sigma) in 0.05 M phosphate-citrate buffer pH5 and 0.1% H_2O_2. After 10 min. incubation, the reaction was stopped with 50 μl 3N HCl and absorbance was read at 490 nm using a microplate reader (Molecular Devices). Serum dilutions at an absorbance value of 0.5 were designated as the endpoint of ELISA titers. To determine antibody isotypes, all experimental conditions were as described above, except that a single dilution (1:1,000) of each serum was employed and that rabbit anti-mouse immunoglobulins specific for IgG1, IgG2a, IgG2b, IgG3 or IgM were used as secondary antibody (Southern Biotechnology Associates.Inc.).

Statistical analysis

Analysis of the statistical significance of the difference between infected mosquitoes resulting from feedings on immunized and control mice was performed by the chi-square test. Significant differences in the geometric mean oocyst intensities in mosquitoes fed on immunized and control mice were determined by the F test and ANOVAs.

Results

CPBAg1 triggers the production of high titer antibodies in mice.

To evaluate the immunogenicity of the *An. gambiae* CPBAg1 as a vaccine candidate, mice were immunized with the recombinant CPBAg1 protein produced in the baculovirus/insect cells expression system, under two regimens : single injection (group 1, Figure 1) and two injections at 3 weeks interval (group 2, Figure 1). As shown in Figure 2, all mice having received a single injection developed high titers of specific anti-CPBAg1 antibodies 24 days after immunization, whereas the control mice injected with adjuvant and PBS alone showed marginal CPBAg1-binding antibody levels. The endpoint titer of the sera from group 1 mice reached ~12,150 against CPBAg1. Mice having received a second injection on day 21 after the first one (group 2) showed increased titers of antibody (endpoint titer ~36,450). To determine whether CPBAg1 elicited a particular antibody subclass, we characterized subclasses of the antigen-binding immunoglobulins in the serum from each mouse of the first and second group. Data presented in Figure 3 indicate that anti-CPBAg1 immunoglobulins mainly belong to the IgG1 and IgG2b subclasses. As the secondary antibodies used to identify Ig classes and subclasses harbored different affinities, the titers of each antibody class cannot be readily compared.

Transmission-blocking assays

In order to determine whether the antibodies generated by immunization were functionally effective in blocking the transmission of *P. berghei*, mosquitoes were fed on immunized and control mice. On day 3 after parasite injection, parasitemia and gametocytemia from both control and immunized mice were in the same range within each experimental group. As shown in Table 1, the rate of infection was significantly reduced in mosquitoes fed on all immunized mice from both groups compared to the mosquitoes fed on mice injected with adjuvant and PBS alone. In group 1, the immunization with CPBAg1 led to a mean reduction of 63% in the number of infected mosquitoes. The rate of infection was drastically reduced in mosquitoes fed on mice Im 1 and Im 2, and the transmission of the parasite was totally blocked in mosquitoes fed on mouse Im 3. Looking at the intensity of infection, the geometric mean number of oocysts per positive midgut did not vary significantly between mosquitoes fed on immunized and control mice except for mosquitoes fed on mouse Im 2 and mouse Im3 which completely blocked *Plasmodium* transmission.

In group 2, the mean reduction in the number of infected mosquitoes fed on immunized mice was lower than in group 1 reaching only 51%. One mouse from this group (mouse Im 9) led to a modest but statistically significant reduction of the rate of infection (p<0.01). The geometric mean number of oocysts per midgut was significantly reduced only in mosquitoes fed on mouse Im10 which triggered the highest reduction of infection.

Effect of anti-CPBAg1 immune serum on *Plasmodium* developmental stages

To determine when and where the parasite development is inhibited in the presence of anti-CPBAg1 sera, six mice were immunized with CPBAg1 and six mice were injected with adjuvant as a control. All these mice were challenged with a *P. berghei* GFP-expressing strain. Midgut content and midgut wall from mosquitoes fed on control and immunized mice were examined 3h, 24h, 48h and 9 days post blood meal (PBM) to score intensity of infection at different life stages of the parasite (Figure 4). Just before feeding, no significant differences were noted in gametocytemia in either immunized or control mice. In mosquitoes fed on immunized mice, we observed that parasite development was not blocked at a particular life stage but that parasite densities decreased gradually until day 9 PBM compared to the control experiments. As soon as 3h PBM, the mean of infection intensity in mosquitoes fed on immunized mice was 40% lower than that in mosquitoes fed on control mice, and this reduction reached 65% at day 9 PBM. When individual pools of mosquitoes fed on each mouse are considered, the reduction in parasite intensity was significant for each experiment. At day 9 PBM, the mean of infection rates was significantly reduced by about 30% in mosquitoes fed on immunized mice (not shown).

Discussion

This study was undertaken to investigate whether the *Anopheles gambiae* carboxypeptidase CPBAg1 could be a component of a transmission-blocking vaccine against *Plasmodium*. Our results show that the recombinant protein CPBAg1 can elicit antibodies in mice and that these antibodies inhibit sporogonic development of *P. berghei*. Transmission-blocking immunity (TBI) was assessed 3 weeks after a single immunization and 3 weeks after a booster immunization. We detected high-titer anti-CPBAg1 IgG in each group of mice, indicating that CPBAg1 is immunogenic even after a single injection. The TBI was effective as soon as three weeks after the first immunization. Surprisingly, the highest reduction in the rate of infection was observed in the group of mice that presented the lowest antibody titers, suggesting that efficiency of TBI does not correlate with anti-CPBAg1 antibody concentrations and that effective TBI does not require immunogenic response with antibody titers higher than 12,000. It is also important to note that anti-CPBAg1 antibodies were more effective in reducing the rate than the intensity of infection. Indeed, the reduction in proportion of infected mosquitoes was statistically significant in all the experiments (n=11), whereas the mean numbers of oocysts per positive midgut were not significantly reduced in eight experiments. However, knowing that mosquitoes that contain only one oocyst per midgut can successfully transmit malaria parasites, it is more effective to develop a TBV which reduces the prevalence instead of the intensity of mosquito infection.

We have previously described that the addition of a rabbit anti-CPBAg1 serum to a *P. falciparum* gametocyte-containing blood meal, when fed to mosquitoes in membrane feeding experiments, led to a reduction of at least 94 % in the number of infected mosquitoes (Lavazec et al, in preparation). In the present study, the mouse anti-CPBAg1 antibodies were less effective in inhibiting the sporogonic development of *P. berghei*. Differences in transmission-blocking efficiencies have been previously described between *in vitro* and *in vivo* mosquito feeding experiments (Almeida and Billingsley, 2002). However, other explanations for this difference are possible. Firstly, the CPBAg1 recombinant protein used in our previous study was fused to GST and produced in *E. coli* whereas a His-tagged recombinant CPBAg1 produced in insect cells was used to immunize mice in the present study. We cannot exclude that the two recombinant proteins elicit antibodies directed against different epitopes and having different transmission-blocking efficiencies. Secondly, several findings indicate that human and rodent parasites display different interactions with the mosquito midgut. Indeed, the developmental kinetics in the mosquito (Vaughan et al., 1991; Vaughan et al., 1992), the mode of ookinete migration across the midgut epithelium (Han et al., 2000; Meis et al., 1989), and the expression of immune responsive genes (Tahar et al., 2002) appears to be different in the two *Plasmodium* species. More importantly, we previously described that the expression of *cpbAg1* gene was upregulated in the midgut upon ingestion of *P. falciparum* gametocytes, but not by *P. berghei* (Lavazec et al, in preparation). Therefore it is possible that CPBAg1, which is probably involved in blood digestion in the mosquito, does not display exactly the same interactions at the same time with the two *Plasmodium* species.

Our experiments also indicate that parasite development was not blocked at a particular life stage but that parasite densities decreased gradually until day 9 PBM. These findings contrast with previous studies demonstrating that antibodies against mosquito midgut extracts specifically targeted the ookinete-oocyst transition (Almeida and Billingsley, 2002; Lal et al., 2001). Our results suggest that antibodies against CPBAg1 inhibit a physiological process of the mosquito which is essential for parasite development rather than interfering with a particular parasite-midgut interaction such as ookinete penetration across the midgut epithelium. This observation is consistent with our previous hypothesis that CPBAg1 releases arginine residues from blood meal proteins that are essential to the parasite as precursors for the synthesis of polyamines, which have multiple roles in regulating parasite cell growth and differentiation (Bachrach and Abu-Elheiga, 1990)Lavazec et al, in preparation).

In conclusion, we have demonstrated that mouse immunization with a recombinant CPBAg1 protein can elicit potent *Plasmodium* transmission-blocking antibodies as soon as three weeks after a single injection. These data constitute the first report on a transmission blocking vaccine based on a defined antigenic molecule from *An. gambiae*. Future work will focus on assessing the duration of TBI and looking for alternative delivery systems that can improve the transmission blocking efficacy and that could be applied to protect humans.

References

Almeida, A.P. and Billingsley, P.F. (2002) Induced immunity against the mosquito Anopheles stephensi (Diptera: Culicidae): effects of cell fraction antigens on survival, fecundity, and *Plasmodium berghei* (Eucoccidiida: Plasmodiidae) transmission. *J Med Entomol*, 39, 207-214.

Bachrach, U. and Abu-Elheiga, L. (1990) Effect of polyamines on the activity of malarial alpha-like DNA polymerase. *Eur J Biochem*, 191, 633-637.

Barr, P., Green, K., Gibson, H., Bathurst, I., Quakyi, I. and Kaslow, D. (1991) Recombinant Pfs 25 Protein of *Plasmodium falciparum* elicits malaria transmission-blocking immunity in experimental animals. *The Journal of Experimental Medecine*, 174, 1203-1208.

Coban, C., Philipp, M.T., Purcell, J.E., Keister, D.B., Okulate, M., Martin, D.S. and Kumar, N. (2004) Induction of *Plasmodium falciparum* transmission-blocking antibodies in nonhuman primates by a combination of DNA and protein immunizations. *Infect Immun*, 72, 253-259.

Dinglasan, R., Fields, I., Shahabuddin, M., Azad, A. and Sacci, J. (2003) Monoclonal antibody MG96 completely blocks *Plasmodium yoelii* development in *Anopheles stephensi*. *Infection and Immunity*, 71, 6995-7001.

Franke-Fayard, B., Trueman, H., Ramesar, J., Mendoza, J., van der Keur, M., van der Linden, R., Sinden, R.E., Waters, A.P. and Janse, C.J. (2004) A *Plasmodium berghei* reference line that constitutively expresses GFP at a high level throughout the complete life cycle. *Mol Biochem Parasitol*, 137, 23-33.

Gozar, M.M., Muratova, O., Keister, D.B., Kensil, C.R., Price, V.L. and Kaslow, D.C. (2001) *Plasmodium falciparum*: immunogenicity of alum-adsorbed clinical-grade TBV25-28, a yeast-secreted malaria transmission-blocking vaccine candidate. *Exp Parasitol*, 97, 61-69.

Han, Y.S., Thompson, J., Kafatos, F.C. and Barillas-Mury, C. (2000) Molecular interactions between *Anopheles stephensi* midgut cells and *Plasmodium berghei*: the time bomb theory of ookinete invasion of mosquitoes. *Embo J*, 19, 6030-6040.

Kaslow, D.C. (1997) Transmission-blocking vaccines: uses and current status of development. *Int J Parasitol*, 27, 183-189.

Kaslow, D.C., Bathurst, I.C., Lensen, T., Ponnudurai, T., Barr, P. and Keister, D.B. (1994) *Saccharomyces cervisae* recombinant Pfs25 absorbed to alum elicits antibodies that block transmission of *Plasmodium falciparum*. *Infection and immunity*, 62, 5576-5580.

Kaslow, D.C., Isaacs, S.N., Quakyi, I.A., Gwadz, R.W., Moss, B. and Keister, D.B. (1991) Induction of *Plasmodium falciparum* transmission blocking antibodies by recombinant vaccinia virus. *Science*, 252, 1310-1312.

Kaslow, D.C., Syin, C., McCutchan, T.F. and Miller, L.H. (1989) Comparison of the primary structure of the 25 kDa ookinete surface antigens of *Plasmodium falciparum* and *Plasmodium gallinaceum* reveal six conserved regions. *Mol Biochem Parasitol*, 33, 283-287.

Lal, A.A., Patterson, P.S., Sacci, J.B., Vaughan, J.A., Paul, C., Collins, W.E., Wirtz, R.A. and Azad, A.F. (2001) Anti-mosquito midgut antibodies block development of *Plasmodium falciparum* and *Plasmodium vivax* in multiple species of *Anopheles* mosquitoes and reduce vector fecundity and survivorship. *Proc Natl Acad Sci USA*, 98, 5228-5233.

Lal, A.A., Schriefer, M.E., Sacci, J.B., Goldman, I.F., Louis-Wileman, V., Collins, W.E. and Azad, A.F. (1994) Inhibition of malaria parasite development in mosquitoes by anti-mosquito-midgut antibodies. *Infect. immun.*, 62, N°1, 316-318.

Lavazec, C., Bonnet, S., Thiery, I., Boisson, B. and Bourgouin, C. (in press) *cpbAg1* encodes an active carboxypeptidase B expressed in the midgut of *Anopheles gambiae*. *Insect Mol Biol*.

Lobo, C.A., Dhar, R. and Kumar, N. (1999) Immunization of mice with DNA-based Pfs25 elicits potent malaria transmission-blocking antibodies. *Infection & Immunity*, 67, 1688-1693.

Meis, J.F., Pool, G., van Gemert, G.J., Lensen, A.H., Ponnudurai, T. and Meuwissen, J.H. (1989) *Plasmodium falciparum* ookinetes migrate intercellularly through *Anopheles stephensi* midgut epithelium. *Parasitol Res*, 76, 13-19.

Ramasamy, M.S. and Ramasamy, R. (1990) Effect of anti-mosquito antibodies on the infectivity of the rodent malaria parasite *Plasmodium berghei* to *Anopheles farauti*. *Medical and Veterinary Entomology*, 4, 161-166.

Shahabuddin, M., Lemos, F.J.A., Kaslow, D.C. and Jacobslorena, M. (1996) Antibody-mediated inhibition of *Aedes aegypti* midgut trypsins blocks sporogonic development of *Plasmodium gallinaceum*. *Infection and Immunity*, 64, 739-743.

Srikrishnaraj, A.K., Ramasamy, R. and Ramasamy, M.S. (1995) Antibodies to *Anopheles* midgut reduce vector competence for Plasmodium vivax malaria. *Medical and Veterinary Entomology*, 9, 353-357.

Tahar, R., Boudin, C., Thiery, I. and Bourgouin, C. (2002) Immune response of *Anopheles gambiae* to the early sporogonic stages of the human malaria parasite *Plasmodium falciparum*. *Embo J.*, 21, 6673-6680.

Tchuinkam, T., Mulder, B., Dechering, K., Stoffels, H., Verhave, J.P., Cot, M., Carnevale, P., Meuwissen, J.H.E.T. and Robert, V. (1993) Experimental infections of *Anopheles gambiae* with *plasmodium falciparum* of naturally infected gametocyte carriers in Cameroon : factors influencing the infectivity to mosquitoes. *Trop. Med. Parasitol.*, 44, 271-276.

Vaughan, J.A., Narum, D. and Azad, A.F. (1991) *Plasmodium berghei* ookinete densities in three anopheline species. *J Parasitol*, 77, 758-761.

Vaughan, J.A., Noden, B.H. and Beier, J.C. (1992) Population dynamics of *Plasmodium falciparum* sporogony in laboratory- infected *Anopheles gambiae*. *J Parasitol*, 78, 716-724.

Vermeulen, A.N., Ponnudurai, T., Beckers, P.G.A., Verhave, J.P., Smits, M.A. and Meuwissen, J.H.E.T. (1985) Sequential expression of antigens on sexual stages of *Plasmodium falciparum* accessible to transmission blocking antibodies in the mosquito. *J. Exp. Med.*, 162, 1460-1476.

Zou, L., Miles, A.P., Wang, J. and Stowers, A.W. (2003) Expression of malaria transmission-blocking vaccine antigen Pfs25 in *Pichia pastoris* for use in human clinical trials. *Vaccine*, 21, 1650-1657.

Figures legends

Figure 1 : Immunization protocol for groups of mice.

Figure 2 : Comparison of CPBAg1 specific ELISA titers in the sera from immunized and control mice. Specific antibody titers against CPBAg1 were measured in duplicates for each mice by ELISA three weeks after the first (group 1) and the booster (group 2) immunization. The average reading at O.D. 490 nm of each group was plotted against the reciprocal sera dilution. End points were defined as the highest serial dilutions yielding an absorbance reading at 490 nm greater than 0.5. (▲) and (■) show antibody titers from group 1 and 2 respectively in sera from immunized mice. (△) and (□) show antibody titers from group 1 and 2 respectively in sera from control mice.

Figure 3 : Determination of CPBAg1-specific Ig isotypes. CPBAg1-specific isotypes were determined by ELISA in sera (1:1,000 dilutions) from control mice (black bars) and immunized mice of group 1 (grey bars) and group 2 (white bars).

Figure 4 : Effect of antibodies on parasite development. Intensity of infection (number of parasites per positive midgut) by *P. berghei* was scored by detection of GFP-expressing parasites in midguts of mosquitoes fed on control (black bars) and immunized mice (grey bars). Gametocytemia was determined just before feeding by Giemsa staining of thin smears and by GFP fluorescence detection. Mosquitoes were dissected at 3h, 24h, 48h and 9 days after blood feeding to visualize zygotes (Zyg), ookinetes (Ook), young oocysts (Ooc 48h) and mature oocysts (Ooc day 9), respectively. Geometric mean intensity for six groups of immunized mice was plotted as % of that for six groups of control mice set at 100%

Figures

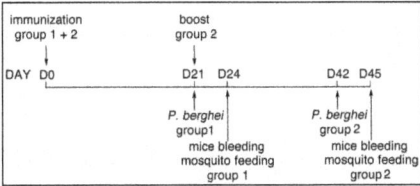

Figure 1 : Immunization schedule for groups of mice.

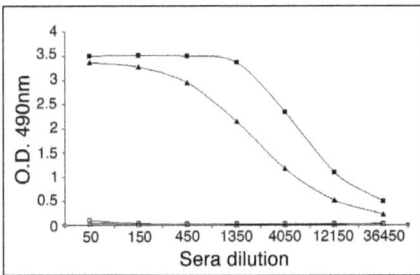

Figure 2 : Comparison of CPBAg1 specific ELISA titers in the sera from immunized and control mice.

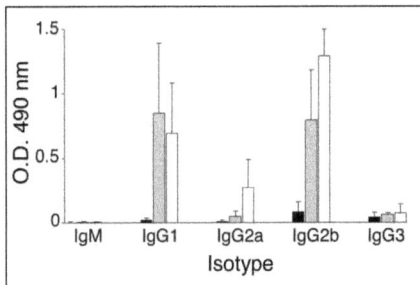

Figure 3 : Determination of CPBAg1-specific Ig isotypes.

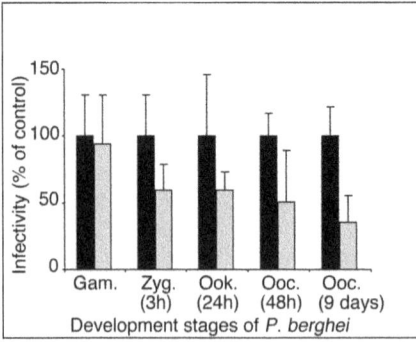

Figure 4 : Effect of antibodies on parasite development.

Tables

	control mice			immunized mice		% of reduction R
Mouse n°	Rate of infection % (number of dissected mosquitoes)	Mean no. of oocysts (range)	Mouse n°	Rate of infection % (number of dissected mosquitoes)	Mean no. of oocysts (range)	
Group 1						
C 1	93.3 (30)	8.4 (1-55)	Im 1	10.5 (38) *	3.3 (1-15)	
C 2	78.8 (33)	4.7 (1-56)	Im 2	9.4 (32) *	2.5 (1-5) *	
C 3	80.6 (31)	5.8 (1-80)	Im 3	0 (20) *	0 *	
C 4	71.8 (32)	2.6 (1-27)	Im 4	43.3 (30) *	7.16 (1-56)	
C 5	80.6 (31)	7 (1-45)	Im 5	31.2 (32) *	3.7 (1-70)	
C 6	75.8 (29)	12.7 (1-91)	Im 6	41.2 (17) *	5.4 (1-27)	
C 7	62.5 (32)	3.7 (1-116)	Im 7	38.8 (18) *	5.8 (1-32)	
C 8	67.9 (28)	7.4 (1-56)	Im 8	50 (30) *	6.7 (1-117)	
Mean Group 1	**76.4 (246)**	**5.9**		**28.1 (217) ***	**5.3**	**63.2**
Group 2						
C 9	96.6 (30)	24.1 (1-160)	Im 9	77.4 (31) *	23.7 (1-120)	
C 10	97 (33)	26.6 (1-180)	Im 10	26.6 (30) *	6.2 (3-10) *	
C 11	93.3 (30)	21.8 (1-130)	Im 11	36.6 (30) *	24.3 (6-100)	
Mean Group 2	**95.7 (93)**	**24.2**		**47.2 (91) ***	**18,6 ***	**50.6**

Table 1 : Transmission-blocking assays.

An. gambiae were fed on control or immunized mice from group 1 (after primary immunization) and group 2 (after booster immunization). Proportion of infected mosquitoes (rate of infection) and mean number of oocysts per positive midgut (intensity of infection) were determined on day 9-11 post feeding. R : % reduction was calculated as R%= 100 x [1-(% infected mosquitoes fed on immunized mice / % infected mosquitoes fed on control mice)], using the mean value from each experimental group. * : statistically significant ($p < 0.05$) compared to the mean value from control group, determined by the chi-square test for the rate of infection and by the F test and ANOVAs for the intensity of infection.

$\mathcal{D}iscussion$

I. Une nouvelle carboxypeptidase d'*Anopheles gambiae*

Les travaux présentés dans ce mémoire ont conduit à l'identification et à la caractérisation d'une nouvelle carboxypeptidase d'*Anopheles gambiae*. Cette classe d'enzymes a été largement explorée chez les mammifères, permettant d'établir une classification de ses différents membres en fonction de leur spécificité de substrat, de leur localisation tissulaire ou de leur implication dans différents processus biologiques. Par contre, les connaissances sur les carboxypeptidases des insectes étant encore embryonnaires, la généralisation de cette classification aux insectes est encore prématurée.

A. Les métallo-carboxypeptidases de mammifères

1. *Classification des métallo-carboxypeptidases*

Les métallo-carboxypeptidases représentent une famille d'exopeptidases contenant un atome de zinc, relié à deux résidus histidine et un résidu glutamate au niveau de leur site actif, qui joue un rôle de cofacteur de l'activité enzymatique, alors que les sérine-carboxypeptidases et les cystéine-carboxypeptidases utilisent un mécanisme catalytique impliquant respectivement un résidu sérine et un résidu cystéine. Chez les mammifères, seize membres de cette famille de métallo-carboxypeptidases ont été décrits, qui peuvent être regroupés en deux sous-familles sur la base de leurs similarités de séquences (Figure 13). Les pourcentages d'identité en acides aminés au sein de chaque sous-famille varient de 30% à 50%, alors qu'il n'existe qu'environ 20% d'identité entre les membres des deux sous-familles. Les membres de la première sous-famille, nommée groupe A/B, sont impliqués dans des processus de digestion, de dégradation et d'activation de protéines. Les carboxypeptidases de la seconde sous-famille, nommée groupe N/E, sont qualifiées de "régulatrices" de par leur implication dans des processus d'activation de messagers peptidiques intracellulaires et extracellulaires. L'analyse du génome humain a également révélé l'existence de plusieurs gènes supplémentaires similaires à des gènes de carboxypeptidases, mais on ne sait pas encore s'ils correspondent à des pseudogènes ou s'ils codent effectivement pour des protéines (Reznik and Fricker, 2001; Wei et al., 2002).

a. *Groupe A/B*

Les membres du groupe A/B sont des protéines synthétisées sous forme de zymogènes, dont l'activation par l'action d'une trypsine conduit à des enzymes ayant un poids moléculaire entre 34 et 36 kDa. Les carboxypeptidases pancréatiques CPA1 et CPA2 ont pour principale fonction de dégrader les polypeptides dans l'intestin à la suite de l'action des trypsines et des chymotrypsines. Alors que la carboxypeptidase A1 (CPA1) clive préférentiellement les acides aminés aliphatiques et les petits acides aminés aromatiques, la carboxypeptidase A2 (CPA2) libère essentiellement le tryptophane. Cette spécificité de substrat est déterminée par l'interaction entre la chaîne latérale du résidu C-terminal du substrat et celle d'un acide aminé positionné au fond de la poche constituant le site actif de l'enzyme. Les CPA contiennent à cette position un acide aminé non chargé, tel que l'isoleucine dans le cas des CPA1 et CPA2 humaines, qui va établir une interaction hydrophobe avec la chaîne latérale du résidu tenant lieu de substrat.

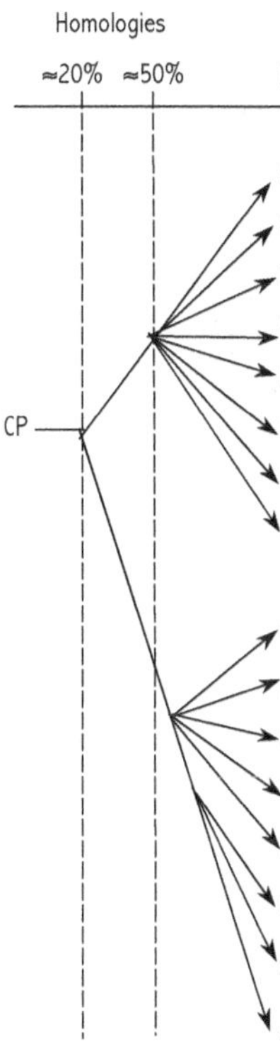

Homologies			PM	pH	Spécificité	Localisation
≈20%	≈50%	Nom	kDa	optimal	de substrat	tissulaire
		CPA1	34	7-8	hydrophobe	pancréas exocrine
		CPA2	34	7-8	hydrophobe	pancréas exocrine
		MC-CPA (CPA3)	36	7-9	hydrophobe	mastocytes
		CPA4	ND	ND	ND	cellules tumorales (ARNm)
		CPA5	34	7-8	hydrophobe	cellules germinales (ARNm)
CP		CPA6	ND	ND	ND	cerveau, tissus embryonnaires (ARNm)
		CPB	34	7-8	basique	pancréas exocrine
		CPU	36	7-8	basique	plasma, foie
		CPE/H	≈50	5-6	basique	système neuro-endocrinien
		CPM	≈62	7-8	basique	membranes cellulaires
		CPN	≈50	7-8	basique	plasma, foie
		CPD	180	5-7	basique	appareil de Golgi
		CPZ	≈70	7-8	basique	placenta, tissus embryonnaires
		CPX1	≈80	ND	(inactive)	placenta (ARNm)
		CPX2	≈85	ND	(inactive)	cœur, autres tissus (ARNm)
		AEBP1	≈100	ND	(inactive)	cœur, autres tissus

Figure 13 : Famille des métallo-carboxypeptidases (CP) de mammifères
ND : non déterminé

Parallèlement aux CPA pancréatiques, d'autres CPA non impliquées dans la digestion sont assimilées au groupe A/B de par leurs homologies avec les CPA et les CPB. Une carboxypeptidase trouvée uniquement dans les mastocytes, nommée MC-CPA (Mast Cell-CPA) ou CPA3, serait impliquée dans la dégradation des protéines par les mastocytes (Dikov et al., 1994). Une autre carboxypeptidase précédemment nommée CPA3 et rebaptisée CPA4, est exprimée dans des cellules tumorales et serait impliquée dans l'activation ou l'inactivation de peptides hormonaux (Huang et al., 1999). La carboxypeptidase CPA5, exprimée dans les cellules germinales, aurait également une fonction régulatrice pour des molécules de signalisation (Wei et al., 2002). La fonction de la carboxypeptidase CPA6, exprimée dans le cerveau et dans les tissus embryonnaires, n'a pas encore été déterminée (Wei et al., 2002).

La carboxypeptidase B pancréatique (CPB) a une préférence de substrat pour les acides aminés basiques tels que l'arginine et la lysine (Aviles et al., 1993). Cette carboxypeptidase est caractérisée par la présence au niveau de son site actif d'un acide aspartique, chargé négativement, qui peut interagir avec les acides aminés basiques chargés positivement. Elle intervient, comme les CPA1 et CPA2, dans la dégradation des polypeptides dans l'intestin. Une autre carboxypeptidase B trouvée dans le plasma et impliquée dans des processus de régulation de la fibrinolyse, appelée successivement CPB2, CPR, plasma CPB, et TAFI (thrombin activatable carboxypeptidase activity), est actuellement nommée CPU (unstable CP). La CPU, produite par le foie, circule sous forme de zymogène dans le plasma avant d'être activée par la thrombine ou par la plasmine. Sa fonction consiste à éliminer les résidus lysine de l'extrémité carboxy-terminale de la fibrine qui permettent la liaison au plasminogène, ce qui a pour effet de réguler la vitesse de la fibrinolyse (Schatteman et al., 2001).

b. Groupe N/E

Contrairement aux carboxypeptidases appartenant au groupe A/B, les enzymes du groupe N/E sont synthétisées sous forme active et contiennent toutes au moins un domaine supplémentaire de 80 acides aminés appelé "transthyretin-like." Ce domaine pourrait être impliqué dans le repliement de l'enzyme ou dans la régulation de son activité. Toutes les enzymes appartenant à ce groupe ont une fonction régulatrice. L'enzyme CPE, encore appelée CPH ou enkephalin convertase, qui est trouvée abondamment dans le système neuro-endocrinien, a pour fonction de libérer les résidus lysine à l'extrémité des précurseurs de peptides neuro-endocriniens afin de les activer (Fricker et al., 1996).

On a également attribué une fonction d'activation ou d'inactivation de peptides hormonaux pour les enzymes CPM et CPN, qui ont une distribution plus large dans l'organisme (Skidgel, 1996). L'enzyme CPM, qui est membranaire, est présente à la surface de nombreuses cellules. Son rôle consiste probablement à activer les précurseurs de peptides hormonaux ou à inactiver les peptides matures avant leur interaction avec des récepteurs présents à la surface de la même cellule. L'enzyme CPN est sécrétée par le foie dans le plasma, où elle peut inactiver des peptides tels que l'anaphylatoxine libérée dans la circulation sanguine.

L'enzyme CPD, qui est distribuée dans tout l'organisme, est présente au niveau de l'appareil de Golgi et intervient également au niveau de l'activation intracellulaire de peptides hormonaux (Song and Fricker, 1995). Cette enzyme comporte plusieurs domaines carboxypeptidases et transthyretin-like. La spécificité de substrat et le pH fonctionnel optimal des domaines carboxypeptidases sont différents, ce qui suggère que ces domaines ont une activité complémentaire (Novikova et al., 1999).

L'enzyme CPZ est présente au niveau de la matrice extra-cellulaire et du placenta et est largement distribuée dans l'embryon. Bien que sa fonction ne soit pas totalement élucidée, il est probable qu'elle intervienne au niveau de la régulation de l'embryogenèse en interagissant avec des protéines Wnt (Reznik and Fricker, 2001).

Enfin, les enzymes nommées CPX1, CPX2 et AEBP1, qui forment un sous-groupe au sein du groupe N/E, ne présentent aucune activité pour tous les substrats standards de carboxypeptidases. Il manque dans la séquence de ces trois enzymes au moins un des résidus requis pour l'activité enzymatique, suggérant que ces protéines interviennent plutôt dans des interactions protéine-protéine que dans une activité d'hydrolyse (Reznik and Fricker, 2001).

2. *Les carboxypeptidases B*

Alors que l'activité carboxypeptidase A a été découverte dans les pancréas de porc et de bœuf dès 1929, une autre activité pancréatique impliquée dans le clivage des résidus arginine à partir de protamines a été décrite peu de temps après, en 1931, par Waldschmidt-Leitz et ses collègues (Waldschmidt-Leitz and Purr, 1929; Waldschmidt-Leitz et al., 1931). La purification et la caractérisation de cette enzyme a ensuite été réalisée au cours des années 1950 par Folk et Gardner, qui lui donnèrent le nom de carboxypeptidase B pour la distinguer de la carboxypeptidase A (qui doit son nom à Anson, qui l'a purifiée et cristallisée en 1937) (Anson, 1937; Folk and Gladner, 1958; Folk et al., 1960). La séquence de la CPB bovine a été entièrement déterminée et sa structure caractérisée, permettant de définir les résidus impliqués dans l'activité de cette enzyme (Figure 14)(Schmid and Herriott, 1976; Titani et al., 1975). Deux résidus histidine et un acide glutamique permettent la liaison à l'atome de zinc qui sert de cofacteur; et trois résidus arginine, deux résidus tyrosine, un résidu phenylalanine et un acide glutamique permettent la liaison au substrat et le clivage de son résidu carboxy-terminal. La spécificité pour les substrats basiques est déterminée par un acide aspartique. Comme les autres carboxypeptidases appartenant au groupe A/B, la structure de la CPB comporte un peptide d'activation, dont le clivage par la trypsine a été démontré *in vitro* (Burgos et al., 1991). Cependant, contrairement à la CPA, le zymogène ne présente pas d'activité intrinsèque. La CPB a une activité hautement spécifique pour libérer les résidus carboxy-terminaux arginine et lysine, avec une préférence pour l'arginine (Tan and Eaton, 1995). Elle peut également présenter une activité faible pour libérer les résidus valine, leucine, isoleucine, asparagine glycine ou glutamine. Son activité est optimale lorsque le pH est entre 7,2 et 7,8. Son activité peut être inhibée spécifiquement par des analogues synthétiques de l'arginine, tels que l'acide guanidinoethyl-mercaptosuccinique (GEMSA) ou l'acide 2-mercaptomethyl-3-guanidinoethyl-thiolpropanoique (MGTA), ou non spécifiquement par des agents chélateurs du zinc tel que la 1,10 phénantroline (McKay et al., 1979; Plummer and Ryan, 1981). Alors que le remplacement de l'atome de zinc par du cobalt peut augmenter l'activité de l'enzyme, le cadmium et les concentrations importantes de zinc ont un pouvoir inhibiteur sur son activité (Folk et al., 1960; Folk et al., 1962).

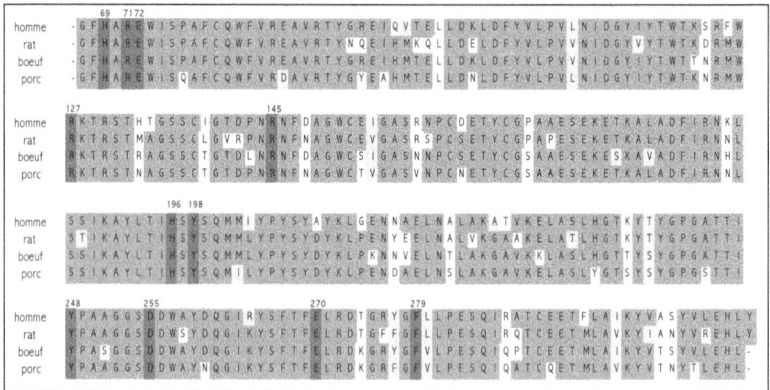

Figure 14 : Alignement des séquences en acides aminés (région C-terminale) des carboxypeptidases B d'Homme, de bœuf, de porc et de rat.
Les régions C-terminales des carboxypeptidases B d'Homme, de rat, de bœuf et de porc ont été alignées à l'aide du programme ClustalW. Les résidus identiques sont présentés en vert, les résidus similaires sont présentés en jaunes, et les résidus impliqués dans la liaison à l'atome de zinc et dans l'activité CPB sont présentés en rouge.

B. Les carboxypeptidases d'insectes

1. Une nouvelle carboxypeptidase B d'insectes

L'existence de carboxypeptidases digestives chez les insectes a été établie par Ward en 1976, qui a partiellement purifié une enzyme possédant une activité CPA dans le tube digestif du papillon *Tineola bisselliella* (Ward, 1976). L'année suivante, en 1977, Gooding détectait une activité CPB dans le tube digestif de la glossine *Glossina morsitans* (Gooding, 1977). Par la suite, plusieurs études ont porté sur les activités CPA et CPB existant dans les tubes digestifs de différentes espèces d'insectes. Ainsi, une activité CPA a été détectée chez le coléoptère *Tenebrio molitor* et chez les lépidoptères *Spodoptera frugiperda* et *Helicoverpa armigera*, alors qu'une activité CPB a été détectée chez *Helicoverpa armigera* et chez *Anopheles gambiae* (Bown et al., 1998; Ferreira et al., 1990; Ferreira et al., 1994; Moskalyk, 1998). Les gènes codant pour des CPA ont été clonés chez *Simulium vittatum*, *Helicoverpa armigera*, *Anopheles gambiae* et *Aedes aegypti* (Bown et al., 1998; Edwards et al., 1997; Edwards et al., 2000; Ramos et al., 1993). Un seul gène codant pour une potentielle CPB à été décrit chez les insectes : il s'agit du gène *GmZcp* cloné chez *G. morsitans* (Yan et al., 2002). Alors que les auteurs de cette étude font la prédiction que la protéine codée par ce gène est une CPB, cette protéine putative contient un résidu basique (lysine) à la place de l'acide aspartique responsable de la spécificité de substrat pour l'arginine et la lysine (Figure 15). Récemment, Bown et al. ont rapporté l'existence d'une nouvelle carboxypeptidase digestive chez *H. armigera* présentant une nouvelle spécificité associée à la présence d'un résidu basique (arginine) au niveau de son site actif (Bown and Gatehouse, 2004). Les auteurs de cette étude proposent que cette enzyme, qui clive spécifiquement les résidus glutamate, appartient à une nouvelle classe d'enzyme associée au groupe A/B, qu'ils proposent d'appeler carboxypeptidase C (CPC) ou glutamate carboxypeptidase MC. Au vu de ces résultats, il est fort probable que le gène cloné chez *G. morsitans* code pour une carboxypeptidase appartenant à cette nouvelle classe d'enzymes. Le gène *cpbAg1* que nous avons cloné chez *An. gambiae* correspondrait donc au premier gène codant pour une CPB identifié et caractérisé chez les insectes. A ce jour, seules deux études ont rapporté une démonstration directe de l'activité carboxypeptidase des protéines codées par les différents gènes identifiés : une activité CPA pour l'enzyme d'*H. armigera* exprimée sous forme recombinante dans des cellules d'insectes, et une activité CPC pour l'enzyme d'*H. armigera* exprimée sous forme recombinante chez *Pichia pastoris* (Bown and Gatehouse, 2004; Bown et al., 1998). La démonstration de l'activité CPB que nous avons réalisée pour la protéine recombinante CPBAg1 est donc la première caractérisation de cette activité pour une protéine d'insectes.

```
CPBAg1              - Y T A S G A T D D Y A Y S L G - V P Y S Y T L E L -
CPA An. gambiae     - Y P A S G S S V D W S Y G A Q D V K I A Y T Y E L -
CPA H. armigera     - Y A A S G G A S D Y A M Q A A - A P F S Y T Y E L -
CPC G. morsitans    - Y - V S G D A K D W I Y G V K N V P F A A T I E L -
CPC H. armigera     - Y Y T T G T S R D W T R A V G - V P L T Y T L E L -
                      ^                                               ^
                      Y360                                            E382
```

Figure 15 : Alignement de séquences de carboxypeptidases d'insectes.
La région incluant les résidus 360 à 383 de CPBAg1 a été alignée à l'aide du programme ClustalW avec des séquences de carboxypeptidases d'insectes appartenant aux classes A, B et C. Les résidus responsables de la spécificité de substrat sont présentés en rouge, les résidus identiques sont présentés en vert, et les résidus similaires sont présentés en jaunes.

2. *cpbAg1* appartient à une famille de gènes

Les données issues de l'annotation du génome d'*An. gambiae* indiquent que le gène *cpbAg1* fait partie d'une famille de gènes codant pour 23 carboxypeptidases. Il existe une telle famille de carboxypeptidases, comprenant 19 membres, chez *Drosophila melanogaster* (Bown and Gatehouse, 2004). En alignant les 23 séquences en acides aminés prédites chez *An. gambiae*, nous avons constaté que seules cinq d'entre elles contiennent tous les résidus essentiels à l'activité CPB et que cinq autres séquences possèdent tous les résidus requis pour l'activité CPA (Figure 16). Deux CPB (*cpbAg1* et *cpbAg2*) et cinq CPA sont exprimées dans le tube digestif des femelles, suggérant fortement une implication de ces enzymes dans la digestion du repas sanguin par le moustique. Trois des cinq CPA sont également exprimées dans la carcasse du moustique, ce qui suggèrent qu'elles pourraient être impliquées dans d'autres fonctions, comme celles des carboxypeptidases régulatrices de mammifères. Seules deux CPB sont exprimées à un niveau significatif chez le moustique femelle adulte. Il est possible que les trois autres CPB soient exprimées dans d'autres conditions, par exemple chez le mâle ou au cours du développement larvaire de l'insecte.

Dans les treize autres séquences, que nous avons appelées "CP-like", au moins un des résidus requis pour la liaison à l'atome de zinc ou pour la liaison et le clivage du substrat est manquant. Alors que certaines de ces séquences pourraient correspondre à des erreurs de prédiction de cadre ouvert de lecture, telle que la séquence CP-like4 qui ne contiendrait que 143 acides aminés, d'autres peuvent correspondre à des pseudogènes. Cependant, le fait que huit de ces gènes soient exprimés à un niveau plus ou moins important chez le moustique adulte indique que certains de ces gènes codent effecetivement pour des protéines, présentant ou non une activité carboxypeptidase. Il est en effet probable que certaines de ces séquences, dans lesquelles les résidus essentiels manquants sont remplacés par des résidus similaires, présentent une activité carboxypeptidase. C'est le cas de la séquence CP-like2, dans laquelle le résidu tyrosine impliqué dans la liaison au substrat est remplacé par un résidu phénylalanine, et dont le gène est exprimé dans le tube digestif et dans la carcasse des moustiques adultes. D'autre part, il est également possible que certains de ces gènes codent pour des protéines présentant une activité différente de celle caractérisée des CPA et CPB. Cette activité ne correspond probablement pas à celles des carboxypeptidases de mammifères du groupe N/E, car aucune des treize séquences ne présente des similarités importantes avec les membres de ce groupe, et aucune de ces séquences ne contient le domaine transthyretin-like caractéristique de ce groupe d'enzymes. Nous n'avons pas non plus identifié de séquences pouvant coder pour une CPC, alors que c'est le cas chez *D. melanogaster* dont la famille de carboxypeptidases comporterait 3 CPC (Bown and Gatehouse, 2004). Il est possible que certains des gènes de la famille d'*An. gambiae* codent pour des protéines intervenant dans des interactions protéine-protéine plutôt que dans une activité d'hydrolyse, comme cela a été proposé pour les enzymes CPX1, CPX2 et AEBP1 des mammifères. On peut également envisager que certains de ces gènes codent pour des enzymes appartenant à une nouvelle classe de carboxypeptidases, comportant une activité ou une préférence de substrat différentes de celles des carboxypeptidases précédemment décrites, qui serait spécifique des insectes ou des moustiques.

3. CPBAg1 : une enzyme digestive du moustique?

L'analyse de la régulation de l'expression de *cpbAg1* a montré que ce gène était principalement exprimé dans le tube digestif du moustique et que son expression était régulée par la prise d'un repas sanguin. Ces résultats, ajoutés au fait que CPBAg1 présente des homologies pour les carboxypeptidases digestives de mammifères, suggèrent fortement que cette protéine est impliquée dans la digestion du repas de sang du moustique. La similarité du profil d'expression de *cpbAg1* avec celui des trypsines précoces, qui sont secrétées au cours des premières heures de la digestion, renforce cette hypothèse. Les trypsines, ayant pour fonction d'endoprotéolyser les protéines au niveau des liaisons peptidiques du côté carboxylique des acides aminés basiques, produisent les substrats essentiels à l'activité carboxypeptidase B. D'autre part, il a été démontré que les peptides dégradés par les trypsines précoces provoquaient l'induction de l'expression des trypsines tardives intervenant dans les stades ultérieurs de la digestion (Barillas-Mury et al., 1995). Le profil d'expression de *cpbAg2* étant comparable à celui des trypsines tardives, on peut proposer que l'expression de *cpbAg2* pourrait être induite en parallèle à ces trypsines, et que cette induction pourrait être provoquée par les produits de l'activité de CPBAg1.

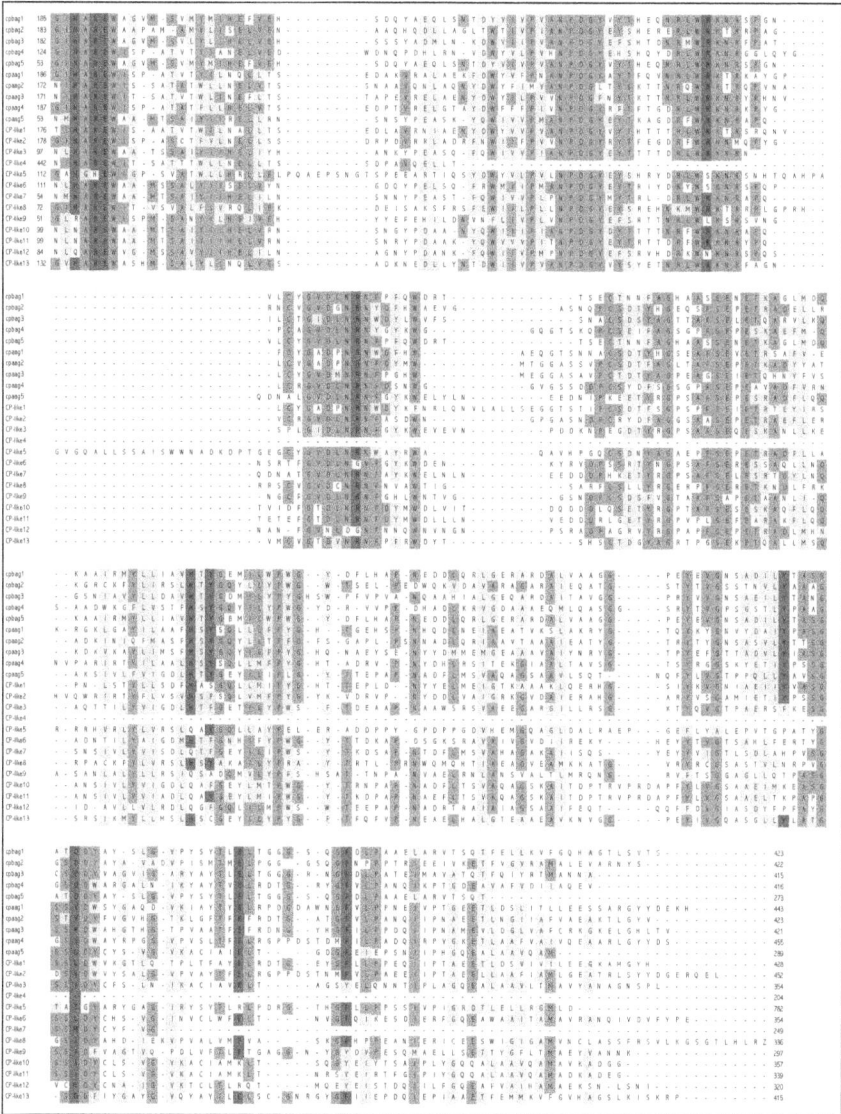

Figure 16 : Alignement des 23 séquences en acides aminés appartenant à la famille de carboxypeptidases prédite par le serveur Ensembl

Les 23 séquences protéiques de la famille de carboxypeptidases prédite par le serveur Ensembl (accession No. ENSANGF00000000255, release 11.2.1) ont été alignées à l'aide du programme ClustalW. L'alignement représente la partie C-terminale des protéines impliquée dans l'activité catalytique (correspondant aux résidus 185 à 423 de CPBAg1). En vert : résidus identiques, en jaune : résidus similaires, en rouge : résidus impliqués dans la liaison à l'atome de zinc, dans la liaison au substrat et dans le clivage de son résidu C-terminal.

II. Le rôle de l'arginine dans l'interaction *P. falciparum - An. gambiae*

Nos travaux ont permis de proposer que l'arginine libre dans le bol alimentaire d'*An. gambiae* pouvait faciliter le développement de *P. falciparum* dans le tube digestif de l'insecte. L'arginine est un des acides aminés les plus polyvalents dans les cellules animales. Son implication dans de nombreuses voies métaboliques et régulatrices lui a conféré le rôle d'acide aminé "éventuellement indispensable" chez les vertébrés supérieurs. Chez les insectes et les protozoaires, il semble également jouer un rôle de première importance, ce qui pourrait justifier l'existence d'une compétition entre le parasite et son hôte pour accéder aux ressources en arginine.

A. Les multiples rôles de l'arginine

Chez les mammifères, l'arginine est impliquée dans la synthèse de protéines, au même titre que les autres acides aminés. L'arginine intervient également dans la régulation de plusieurs processus cellulaires, en activant la voie de protéolyse ubiquitine-dépendante, ou encore en stimulant la sécrétion des hormones telles que l'insuline, la prolactine ou l'hormone de croissance. De plus, c'est un précurseur de la synthèse d'urée, de monoxyde d'azote (NO), de polyamines, d'agmatine, de proline, de glutamate et de créatine, qui sont impliqués dans de nombreux processus physiologiques (Figure 17) (Wu and Morris, 1998).

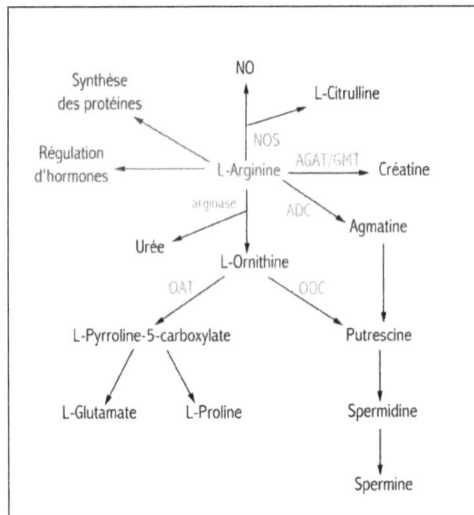

Figure 17 : Voies métaboliques de l'arginine
En noir : métabolites de l'arginine, en vert : enzymes du catabolisme de l'arginine. NOS : NO Synthase; AGAT/GMT : Arginine-Glycine AminoTransférase/Guanidinoacétate N-MéthylTransférase; ADC : Arginine DéCarboxylase; OAT : Ornithine AminoTransférase; ODC : Ornithine DéCarboxylase.

La voie classique de la dégradation de l'arginine est initiée par l'arginase pour synthétiser l'urée, l'ornithine, les polyamines, la proline, le glutamate et la glutamine (Wu and Morris, 1998). Ces produits jouent un rôle physiologique important dans diverses fonctions de l'organisme. En effet, l'urée constitue un déchet azoté de l'organisme, permettant l'élimination de l'ammoniac, qui est toxique pour l'organisme. L'ornithine peut être convertie en putrescine, qui est le précurseur de la spermine et la spermidine. Ces polyamines, en régulant l'expression des gènes, la synthèse de l'ADN et des protéines, la transduction de signaux cellulaires, les processus apoptotiques et l'ouverture de certains canaux ioniques, jouent un rôle essentiel dans la prolifération et la différentiation cellulaire. De plus, étant des agents anti-oxydants, ils protègent les cellules des effets toxiques des processus oxydatifs. D'autre part, la conversion de l'arginine en proline via la pyrroline-5-carboxylate stimule le métabolisme du glucose et intervient dans la régulation de l'état redox cellulaire. Le glutamate et la glutamine, pour leur part, interviennent en tant que messagers de la signalisation cellulaire. Chez les mammifères, il existe deux types d'arginases codées par deux gènes indépendants : l'arginase de type I, qui est une enzyme cytosolique exprimée dans le foie pour participer au cycle de l'urée ; et l'arginase de type II qui est une enzyme mitochondriale exprimée dans les reins, le cerveau, l'intestin, les cellules endothéliales, les glandes mammaires et les macrophages. Il existe également deux gènes codant potentiellement pour des arginases dans le génome d'*An. gambiae*, alors que le génome de *P. falciparum* n'en comprend qu'un seul.

De plus, l'arginine peut également être dégradée par l'arginine décarboxylase en agmatine dans différents organes. L'agmatine peut être ensuite décarboxylée pour produire la putrescine, ce qui constitue une voie alternative pour la synthèse de polyamines (Wu and Morris, 1998).

L'enzyme NOS, présente sous trois isoformes chez les mammifères, intervient dans une autre voie du catabolisme de l'arginine, pour produire le NO et la citrulline. Le NO est à la fois un médiateur de la réponse immunitaire, un neuro-transmetteur, un radical libre cytotoxique, une molécule de signalisation et un facteur de relaxation musculaire. Il est impliqué dans divers processus physiologiques et pathologiques, tels que la cicatrisation, la croissance tumorale et l'infarctus du myocarde. D'autre part, l'activité cytotoxique du NO est impliquée dans la destruction des agents pathogènes par les macrophages. Chez les anophèles, la production de NO permet de limiter l'infection par différents agents pathogènes dont *Plasmodium* (Herrera-Ortiz et al., 2004; Kumar et al., 2004; Luckhart et al., 1998).

Enfin, une autre voie pour l'utilisation de l'arginine est la synthèse de créatine, via le transfert du groupe guanidium de l'arginine sur un résidu glycine. La créatine, lorsqu'elle se trouve sous forme phosphorylée dans les muscles, constitue une réserve d'ATP chez les vertébrés. Chez les insectes, l'arginine est impliquée de façon plus directe dans la constitution de réserves énergétiques puisque c'est l'arginine-phosphate qui joue le rôle de réserve d'ATP pour les muscles (Schneider et al., 1989).

B. L'arginine est-elle un acide aminé indispensable?

1. Chez les mammifères

Chez les mammifères, l'arginine provient d'une part des apports nutritionnels, mais elle peut également être synthétisée de façon endogène à partir de la proline et du glutamate par la voie de la proline oxydase (EC : 1.5.1.2) et celle de la pyrroline-5-carboxylate déshydrogénase (EC : 1.5.1.12) (Figure 18). Malgré l'existence de ces deux voies de synthèse, l'arginine est qualifiée d'acide aminé "éventuellement indispensable", car un apport exogène de cet acide aminé est essentiel à l'organisme dans certaines conditions physiologiques (Visek, 1986). En effet, la synthèse endogène est insuffisante pour permettre un développement normal chez la plupart des mammifères en croissance. De plus, dans certaines situations de stress, l'augmentation du besoin en arginine n'est plus couvert par l'apport nutritionnel existant en conditions normales.

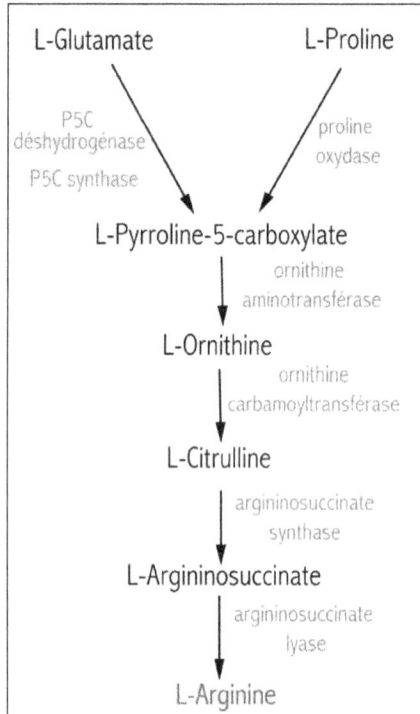

Figure 18 : Voies de synthèse endogène de l'arginine

2. Chez l'anophèle

L'annotation du génome d'*An. gambiae* suggère que toutes les enzymes nécessaires à la synthèse endogène d'arginine à partir de la proline et du glutamate sont également présentes chez ce moustique (Table 3). En effet, l'annotation du génome prédit l'existence de deux gènes présentant des homologies pour les proline oxydases (n° d'accession Ensembl : ENSANGG00000004314, ENSANGG00000011181). Alors qu'aucun gène du moustique ne semble coder pour une enzyme présentant les signatures d'une P5C déshydrogénase, l'annotation prédit l'existence d'un gène présentant de fortes similarités de séquence avec les P5C synthases de mammifères (n° d'accession Ensembl : ENSANGG00000019475). Ces enzymes, comportant une région glutamate 5-kinase (EC : 2.7.2.11) suivie d'une région gamma-glutamyl phosphate reductase (EC: 1.2.1.41), peuvent également catalyser la conversion du glutamate en pyrroline-5-carboxylate. Les gènes codant potentiellement pour les enzymes nécessaires à la synthèse d'arginine à partir de pyrroline-5-carboxylate sont également présents dans le génome d'*An. gambiae*.

Enzyme	E.C.	An. gambiae		P. falciparum	
		nombre de gènes	n° d'accession Ensembl	nombre de gènes	n° d'accession PlasmoDB
Proline oxydase	1.5.1.2	2	ENSANGG00000004314 ENSANGG00000011181	1	MAL13P1.284
P5C déshydrogénase	1.5.1.12	0	-	0	-
P5C synthase	2.7.2.11/1.2.1.41	1	ENSANGG00000019475	0	-
Ornithine aminotransférase	2.6.1.13	2	ENSANGG00000008265 ENSANGG00000011961	1	MAL6P1.91
Ornithine carbamoyltransférase	2.1.3.3	1	ENSANGG00000012333	1	MAL13P1.221
Argininosuccinate synthase	6.3.4.5	1	ENSANGG00000015720	0	-
Argininosuccinate lyase	4.3.2.1	1	ENSANGG00000005162	0	-

Table 3 : Enzymes de la voie de biosynthèse de l'arginine chez *An. gambiae* et *P. falciparum*

Malgré l'existence de ces voies de synthèse, le rôle majeur joué par les métabolites de l'arginine pourrait rendre l'apport exogène de cet acide aminé indispensable dans certaines conditions physiologiques, comme c'est le cas chez les mammifères. Il a d'ailleurs été déterminé que l'arginine fait partie des dix acides aminés essentiels pour le développement larvaire et pour la production des œufs chez *Ae. aegypti* (Clements, 1992). Son implication dans la production d'arginine-phosphate qui constitue l'énergie musculaire nécessaire au vol de l'insecte (Schneider et al., 1989), dans la production de NO intervenant dans la réponse immunitaire contre les agents pathogènes (Nappi et al., 2000) ou dans la production de polyamines impliquées dans la différenciation neuronale des insectes (Cayre et al., 2001), pourrait lui conférer ce rôle indispensable. De plus, il a été démontré chez *Ae. aegypti* que certains acides aminés, dont l'arginine, sont nécessaires à l'activation de la voie de signalisation TOR (Target of Rapamycin), qui est responsable de la régulation de la vitellogénèse dans le corps gras de l'insecte (Hansen et al., 2004). Si la synthèse endogène de l'arginine est insuffisante pour satisfaire ses besoins, le moustique peut assimiler cet acide aminé lorsqu'il est sous forme libre dans le repas de sang qu'il ingère, ou en clivant les résidus arginine des protéines du repas à l'aide d'exopeptidases. Parmi celles-ci, on peut évidemment citer les carboxypeptidases B CPBAg1 et CPBAg2 que nous avons caractérisées. L'intervention des aminopeptidases dans ce processus est également probable, car l'annotation du génome d'*An. gambiae* prédit l'existence de 13 gènes codant pour des aminopeptidases. Bien qu'aucun de ces gènes ne coderait pour une arginine-aminopeptidase, l'activité aminopeptidase détectée chez *An. stephensi* peut cliver les résidus arginine (Billingsley and Hecker, 1991).

3. Chez Plasmodium

Les métabolites de l'arginine jouent également un rôle de première importance chez *Plasmodium*. Par exemple, les polyamines jouent un rôle crucial dans la différenciation et la prolifération du parasite. En effet, il a été démontré que le DFMO (D,L-α-DiFluoroMéthylOrnithine), qui est un inhibiteur de l'ornithine décarboxylase responsable de la conversion de l'ornithine en polyamines, inhibe le développement parasitaire dans des cultures de *P. falciparum* (Bitonti et al., 1987). Cet inhibiteur peut également bloquer la schizogonie exoérythrocytaire et limiter la schizogonie érythrocytaire de *P. berghei* lorsqu'il est administré à des souris (Hollingdale et al., 1985) et inhiber le développement sporogonique de ce parasite lorsqu'il est incorporé à un repas de sang infectant pour le moustique (Gillet et al., 1983; Hollingdale et al., 1985). Ces observations sont expliquées par le fait que la spermine et la spermidine peuvent augmenter l'activité de l'ADN polymérase plasmodiale, et par conséquent jouent un rôle crucial dans la régulation du cycle cellulaire du parasite (Bachrach and Abu-Elheiga, 1990).

Plasmodium peut se procurer les acides aminés nécessaires à son métabolisme par trois voies différentes : par biosynthèse à partir de sources de carbone, par protéolyse de l'hémoglobine pour les stades érythrocytaires, ou par assimilation des acides aminés libres présents dans le plasma, dans la cellule hôte ou dans l'hémolymphe du moustique, en fonction de son stade de développement (Goldberg, 1993). Les seuls acides aminés pouvant être synthétisés par *Plasmodium* à partir de sources de carbone sont l'alanine, l'aspartate et le glutamate (Sherman, 1979). Le parasite pourrait donc se procurer les autres acides aminés soit par conversion de ces trois acides aminés soit par un apport exogène (protéolyse ou assimilation). En ce qui concerne l'arginine, il semble que le parasite ne puisse se la procurer que par un apport strictement exogène. En effet, malgré l'existence des gènes de la voie de biosynthèse du glutamate, les gènes codant pour les enzymes nécessaires à la conversion du glutamate en ornithine (P5C déshydrogénase et P5C synthase), ainsi que ceux codant pour les enzymes nécessaires à la conversion de la citrulline en argininosuccinate puis en arginine, ne sont pas décrits dans l'annotation du génome de *P. falciparum* (Table 3). L'arginine ne peut donc pas être synthétisée par le parasite à partir de glutamate ou de proline via l'ornithine, comme c'est le cas pour les anophèles. Ces observations indiquent également que l'arginine et la proline seraient les seuls précurseurs de l'ornithine et par conséquent des polyamines chez *P. falciparum*.

La dégradation de l'hémoglobine en oligopeptides dans les stades parasitaires intraérythrocytaires, qui sont les stades les plus largement étudiés, fait intervenir des endoprotéases telles que les plasmepsines, les falcipaïnes et la falcilysine (Eggleson et al., 1999; Francis et al., 1997). Cependant, les étapes impliquées dans la dégradation des oligopepides en acides aminés ne sont pas encore totalement élucidées. Une étude récente rapporte l'existence dans la vacuole digestive du parasite d'une dipeptyl aminopeptidase qui pourrait être responsable du clivage des oligopeptides en dipeptides (Klemba et al., 2004). Les exopeptidases permettant le clivage de ces dipeptides en acides aminés libres ne sont pas encore identifiées. Aucun gène codant pour une carboxypeptidase n'est décrit dans l'annotation du génome de *P. falciparum,* et aucune activité carboxypeptidase n'a été détectée dans des extraits de trophozoïtes de *P. falciparum* (Kolakovich et al., 1997). Par conséquent, la dégradation des dipeptides ne pourra être réalisée que par les activités aminopeptidases. L'annotation du génome de *P. falciparum* prédit en effet l'existence de huit gènes codant potentiellement pour des aminopeptidases. De plus, une activité aminopeptidase a été détectée dans des stades intraérythrocytaires de *P. falciparum* et une aminopeptidase a été caractérisée chez ce même parasite (Kolakovich et al., 1997; Vander Jagt et al., 1984). Ces observations impliquent que les stades intraérythrocytaires du parasite peuvent se procurer l'arginine suivant la dégradation de l'hémoglobine ou par assimilation lorsque l'arginine est libre dans le sérum. La contribution relative de chacune de ces deux voies dans le métabolisme du parasite reste à déterminer et varie probablement en fonction de la disponibilité en acides aminés libres (Goldberg, 1993). Au cours des stades sporogoniques, dont les voies métaboliques ont été moins étudiées que celles des stades intraérythrocytaires, on peut proposer que le parasite se procure l'arginine principalement par assimilation. En effet, même si la protéolyse de l'hémoglobine et des protéines sanguines par des enzymes parasitaires ne peut pas être exclue, il est probable que l'assimilation d'acides aminés libres (qui ont été dégradés par les enzymes du moustique ou qui sont présents en abondance dans l'hémolymphe de l'insecte) soit une stratégie représentant un coût évolutif moins important pour le parasite.

C. *P. falciparum* et *An. gambiae* : une compétition pour la quête de l'arginine?

L'apport exogène d'arginine semblant être de première importance pour le parasite et pour le moustique, l'arginine libre présente dans le bol alimentaire du moustique doit donc être partagée par ces deux organismes. Après un repas de sang, le moustique se procure l'arginine nécessaire à son métabolisme d'une part en assimilant les acides aminés libres présents dans le sang ingéré, et d'autre part en dégradant les protéines du plasma ou des cellules sanguines. Dans le cas d'*An. gambiae*, les carboxypeptidases B CPBAg1 et CPBAg2 vont pouvoir remplir ce rôle et permettre la libération d'arginine libre dans le bol alimentaire du moustique. Cependant, lorsque les stades sporogoniques de *Plasmodium* sont présents dans le sang ingéré, il est probable qu'ils devront également puiser dans le stock d'arginine libre du bol alimentaire pour assurer leur développement, ce qui aura pour conséquence de diminuer la quantité d'arginine disponible pour le moustique. Cette situation de carence doit être d'autant plus importante qu'en présence de *Plasmodium*, le moustique surexprime l'enzyme NOS dans le cadre de sa réponse immunitaire, qui va dégrader l'arginine disponible pour produire du NO (Luckhart et al., 1998; Tahar et al., 2002). La surexpression des gènes de carboxypeptidases B du moustique induite par la présence du parasite, que nous avons mise en évidence, pourrait donc avoir pour but de générer un apport supplémentaire d'arginine afin de parer à la carence provoquée par le parasitisme.

Nos résultats ont également mis en évidence que l'addition d'arginine dans le repas infectant du moustique permet de faciliter le développement sporogonique du parasite, ce qui renforce notre hypothèse sur le rôle majeur de cet acide aminé dans le métabolisme du parasite. De plus, la présence dans un repas infectant d'anticorps dirigés contre CPBAg1 limite fortement le développement du parasite. L'inhibition de l'activité carboxypeptidase B dans le tube digestif doit avoir pour conséquence de limiter la libération d'arginine dans le bol alimentaire. On peut alors proposer que le moustique et le parasite se trouvent dans une situation de compétition pour accéder à ces ressources, et que le moustique sort gagnant puisqu'il est le seul "survivant". Cependant, on peut supposer que cette carence en arginine provoque tout de même une perte de fitness pour le moustique, car des résultats préliminaires obtenus au laboratoire ont montré une mortalité accrue chez les moustiques gorgés sur des souris parasitées et immunisées avec CPBAg1 par rapport aux moustiques gorgés sur les souris parasitées non mmunisées. Dans ce contexte, on peut considérer que la surexpression des gènes de carboxypeptidases B représente une stratégie d'adaptation développée par le moustique pour compenser le déficit des ressources en arginine dû au parasitisme.

Une hypothèse alternative serait que le parasite provoque la surexpression des CPB afin d'augmenter dans le tube digestif du moustique la quantité d'arginine nécessaire à son propre métabolisme, ce qui correspondrait à un détournement des fonctions métaboliques du moustique par *Plasmodium*. Il a en effet été proposé que certains parasites pouvaient détourner des molécules de leur hôte à leur propre profit. Par exemple, *Schistosoma mansoni* peut provoquer une augmentation de l'activité arginase dans les macrophages de son hôte, ce qui a pour effet d'augmenter la production de polyamines nécessaires à son développement (Abdallahi et al., 2001). Ce modèle d'interaction pourrait être également applicable à *P. falciparum* et *An. gambiae*. En effet, des résultats obtenus au laboratoire ont mis en évidence une surexpression du gène de l'arginase dans le tube digestif d'*An. gambiae* après l'ingestion de gamétocytes de *P. falciparum*. L'ensemble de ces données nous permet donc proposer que *P. falciparum* provoque la surexpression de l'arginase dans le tube digestif du moustique afin d'augmenter la production de polyamines, et en parallèle la surexpression des carboxypeptidases afin de fournir l'arginine substrat entre autres de l'arginase.

Conclusion et Perspectives

Les travaux présentés dans ce mémoire ont conduit à l'identification de deux carboxypeptidases B exprimées dans le tube digestif d'*An. gambiae*. Ces enzymes, dont la fonction consiste à libérer l'arginine ou la lysine en position carboxy-terminale des protéines ingérées par le moustique, jouent un rôle clé dans la physiologie de l'insecte. En effet, l'arginine, qui est impliquée dans de nombreuses voies métaboliques, est un acide aminé de première importance pour le moustique, particulièrement lorsque celui-ci est parasité par *Plasmodium*. CPBAg1 et CPBAg2 peuvent d'une part procurer de l'arginine libre au moustique, mais également complémenter la protéolyse initiée par les trypsines secrétées au cours de la digestion, qui génèrent des peptides possédant des acides aminés basiques carboxy-terminaux. Alors que nous avons produit la protéine CPBAg1 sous forme recombinante et caractérisé son activité, les futurs travaux devront se concentrer sur la caractérisation biochimique de la protéine CPBAg2, pour déterminer si son activité est spécifique de l'arginine ou de la lysine. De plus, le développement récent de l'outil RNAi au laboratoire va permettre l'extinction de l'expression de ces deux gènes, ce qui permettra d'établir la participation de chacune de ces deux protéines à l'activité carboxypeptidase B détectée dans le tube digestif du moustique.

Nos travaux ont également démontré que l'activité carboxypeptidase B du moustique était impliquée dans le développement de *Plasmodium*. Cela nous a amené à proposer un modèle d'interaction hôte-parasite au cours de laquelle le moustique et le parasite sont en compétition pour les ressources en arginine. Afin d'approfondir la description des mécanismes qui gouvernent cette interaction, il est nécessaire d'analyser l'effet des anticorps dirigés contre CPBAg2 sur le développement sporogonique du parasite, pour vérifier si cette protéine intervient au même titre que CPBAg1 dans cette interaction. Il serait également intéressant d'utiliser l'outil RNAi, ce qui pourrait fournir une démonstration génétique de l'implication de CPBAg1 et/ou de CPBAg2 dans le développement parasitaire. Si le RNAi permet l'extinction de l'expression de ces gènes, on pourra envisager le développement de moustiques transgéniques surexprimant des ARN double-brin sous contrôle d'un promoteur spécifique du tube digestif, ce qui permettrait de produire une inactivation stable et héréditaire de *cpbAg1* et de *cpbAg2*.

D'autre part, l'incorporation d'arginine marquée radioactivement dans un repas de sang infectant permettrait de démontrer que cet acide aminé est assimilé par le parasite. De plus, l'utilisation d'inhibiteurs de l'arginase ou des autres enzymes impliquées dans les voies métaboliques de l'arginine pourrait démontrer le rôle essentiel des métabolites de l'arginine pour *Plasmodium* et *Anopheles*. De même, l'extinction de l'expression de l'arginase du moustique par RNAi serait une approche intéressante pour conforter notre hypothèse sur l'utilisation de cette enzyme par le parasite.

Enfin, nos travaux ont permis d'analyser le potentiel de la protéine recombinante CPBAg1 en tant que nouvelle cible pour le développement d'un vaccin bloquant la transmission de *Plasmodium*. Nous avons montré que la vaccination de souris avec la protéine CPBAg1 induisait la production d'anticorps capables de limiter le développement sporogonique de *P. berghei* chez le moustique. Des expériences complémentaires sont nécessaires pour augmenter l'efficacité de l'immunité anti-transmission induite par cette vaccination. Par exemple, l'utilisation conjuguée de la protéine CPBAg2 et de la protéine CPBAg1 pour immuniser les souris pourrait avoir un effet synergique sur l'inhibition de la transmission par les anticorps. D'autre part, l'efficacité anti-transmission des anticorps devra être évaluée par rapport à la production des sporozoïtes par le moustique, qui représentent les formes infectantes transmises à l'hôte vertébré. De plus, dans la perspective d'utiliser un tel vaccin chez l'Homme, l'utilisation de peptides représentant des épitopes spécifiques de CPBAg1 devra être envisagée afin d'écarter toute possibilité de réaction croisée avec des épitopes présents sur des carboxypeptidases humaines. L'efficacité des adjuvants non toxiques pour l'Homme devra également être évaluée dans les protocoles d'immunisation. Enfin, la production des antigènes devra être testée dans des systèmes d'expression plus simples d'utilisation que le système baculovirus/cellules d'insectes.

L'objectif initial de ce travail était d'identifier de nouvelles molécules d'*An. gambiae* intervenant dans le développement sporogonique de *P. falciparum*, dans l'optique de proposer de nouvelles cibles de blocage de la transmission du parasite. Alors que cette étude a débuté par la caractérisation de sept fragments de gènes de quelques centaines de paires de bases, les résultats actuels nous permettent de proposer une nouvelle cible potentielle pour le développement d'un vaccin anti-transmission basé sur un antigène caractérisé de moustique.

Références bibliographiques

- A -

Abdallahi, O.M., Bensalem, H., Augier, R., Diagana, M., De Reggi, M. and Gharib, B. (2001) Arginase expression in peritoneal macrophages and increase in circulating polyamine levels in mice infected with Schistosoma mansoni. *Cell Mol Life Sci*, 58, 1350-1357.

Abraham, E.G., Islam, S., Srinivasan, P., Ghosh, A.K., Valenzuela, J.G., Ribeiro, J.M., Kafatos, F.C., Dimopoulos, G. and Jacobs-Lorena, M. (2004) Analysis of the *Plasmodium* and *Anopheles* transcriptional repertoire during ookinete development and midgut invasion. *J Biol Chem*, 279, 5573-5580.

Adini, A. and Warburg, A. (1999) Interaction of *Plasmodium gallinaceum* ookinetes and oocysts with extracellular matrix proteins. *Parasitology*, 119 (Pt 4), 331-336.

Agaisse, H. and Perrimon, N. (2004) The roles of JAK/STAT signaling in Drosophila immune responses. *Immunol Rev*, 198, 72-82.

Anson, M.L. (1937) Carboxypeptidase. I. The preparation of crystalline carboxypeptidase. *J. Gen. Physiol.*, 20, 663-669.

Anxolabehere, D., Kidwell, M.G. and Periquet, G. (1988) Molecular characteristics of diverse populations are consistent with the hypothesis of a recent invasion of Drosophila melanogaster by mobile P elements. *Mol Biol Evol*, 5, 252-269.

Arai, M., Billker, O., Morris, H.R., Panico, M., Delcroix, M., Dixon, D., Ley, S.V. and Sinden, R.E. (2001) Both mosquito-derived xanthurenic acid and a host blood-derived factor regulate gametogenesis of Plasmodium in the midgut of the mosquito. *Molecular & Biochemical Parasitology*, 116, 17-24.

Arrighi, R.B. and Hurd, H. (2002) The role of *Plasmodium berghei* ookinete proteins in binding to basal lamina components and transformation into oocysts. *Int J Parasitol*, 32, 91-98.

Aviles, F.X., Vendrell, J., Guasch, A., Coll, M. and Huber, R. (1993) Advances in metallo-procarboxypeptidases. Emerging details on the inhibition mechanism and on the activation process. *Eur J Biochem*, 211, 381-389.

- B -

Bachrach, U. and Abu-Elheiga, L. (1990) Effect of polyamines on the activity of malarial alpha-like DNA polymerase. *Eur J Biochem*, 191, 633-637.

Barillas-Mury, C., Charlesworth, A., Gross, I., Richman, A., Hoffmann, J.A. and Kafatos, F.C. (1996) Immune factor Gambif1, a new rel family member from the human malaria vector, *Anopheles gambiae*. *Embo J*, 15, 4691-4701.

Barillas-Mury, C., Han, Y.S., Seeley, D. and Kafatos, F.C. (1999) *Anopheles gambiae* Ag-STAT, a new insect member of the STAT family, is activated in response to bacterial infection. *Embo J*, 18, 959-967.

Barillas-Mury, C.V., Noriega, F.G., Wells, M.A., Elvin, C.M., Vuocolo, T., Pearson, R.D., East, I.J., Riding, G.A., Eisemann, C.H. and Tellam, R.L. (1995) Early trypsin activity is part of the signal transduction system that activates transcription of the late trypsin gene in the midgut of the mosquito, *Aedes aegypti*. *Insect Biochem Mol Biol*, 25, 241-246.

Barr, P., Green, K., Gibson, H., Bathurst, I., Quakyi, I. and Kaslow, D. (1991) Recombinant Pfs25 Protein of *Plasmodium falciparum* elicits malaria transmission-blocking immunity in experimental animals. *The Journal of Experimental Medecine*, 174, 1203-1208.

Barreau, C., Touray, M., Pimenta, P.F., Miller, L.H. and Vernick, K.D. (1995) *Plasmodium gallinaceum*: Sporozoite invasion of *Aedes aegypti* salivary glands is inhibited by anti-gland antibodies and by lectins. *Experimental Parasitology*, 81, 332-343.

Bhatnagar, R.K., Arora, N., Sachidanand, S., Shahabuddin, M., Keister, D.B. and Chauhan, V.S. (2003) Synthetic polypeptide inhibits mosquito midgut chitinase and blocks sporogonic development of malaria parasite. *Biochemical and Biophysical Research Communications*, 304, 783-787.

Billingsley, P.F. (1990) Blood digestion in the mosquito, *Anopheles stephensi* Liston (Diptera: Culicidae): partial characterization and post-feeding activity of midgut aminopeptidases. *Archives of Insect Biochemistry and Physiology*, 15, 149-163.

Billingsley, P.F. (1994) Vector-parasite interactions for vaccine development. *International Journal for Parasitology*, 24, 53-58.

Billingsley, P.F. and Hecker, H. (1991) Blood digestion in the mosquito, *Anopheles stephensi* Liston (Diptera: Culicidæ): Activity and distribution of trypsin, aminopeptidase, and α-glucosidase in the midgut. *Journal of Medical Entomology*, 28 (6), 865-871.

Billingsley, P.F. and Rudin, W. (1992) The role of mosquito peritrophic membrane in blood meal digestion and infectivity of *Plasmodium* species. *Journal of Parasitology*, 78, 430-440.

Billker, O., Dechamps, S., Tewari, R., Wenig, G., Franke-Fayard, B. and Brinkmann, V. (2004) Calcium and a calcium-dependent protein kinase regulate gamete formation and mosquito transmission in a malaria parasite. *Cell*, 117, 503-514.

Billker, O., Lindo, V., Panico, M., Etienne, A.E., Paxton, T., Dell, A., Rogers, M., Sinden, R.E. and Morris, H.R. (1998) Identification of xanthurenic acid as the putative inducer of malaria development in the mosquito [see comments]. *Nature*, 392, 289-292.

Billker, O., Miller, A.J. and Sinden, R.E. (2000) Determination of mosquito bloodmeal pH in situ by ion-selective microelectrode measurement: implications for the regulation of malarial gametogenesis. *Parasitology*, 120, 547-551.

Billker, O., Shaw, M.K., Margos, G. and Sinden, R.E. (1997) The roles of temperature, pH and mosquito factors as triggers of male and female gametogenesis of *Plasmodium berghei* in vitro. *Parasitology*, 115, 1-7.

Bitonti, A.J., McCann, P.P. and Sjoerdsma, A. (1987) *Plasmodium falciparum* and *Plasmodium berghei*: effects of ornithine decarboxylase inhibitors on erythrocytic schizogony. *Exp Parasitol*, 64, 237-243.

Blandin, S., Moita, L.F., Kocher, T., Wilm, M., Kafatos, F.C. and Levashina, E.A. (2002) Reverse genetics in the mosquito *Anopheles gambiae*: targeted disruption of the Defensin gene. *EMBO Rep*, 3, 852-856.

Blandin, S., Shiao, S.H., Moita, L.F., Janse, C.J., Waters, A.P., Kafatos, F.C. and Levashina, E.A. (2004) Complement-like protein TEP1 is a determinant of vectorial capacity in the malaria vector *Anopheles gambiae*. *Cell*, 116, 661-670.

Boete, C. and Koella, J.C. (2002) A theoretical approach to predicting the success of genetic manipulation of malaria mosquitoes in malaria control. *Malar J*, 1, 3.

Boete, C., Koella, J.C., Godfray, H.C. and Crisanti, A. (2003) Evolutionary ideas about genetically manipulated mosquitoes and malaria control. *Trends Parasitol*, 19, 32-38.

Bonnet, S., Prevot, G., Jacques, J.C., Boudin, C. and Bourgouin, C. (2001) Transcripts of the malaria vector *Anopheles gambiae*

that are differentially regulated in the midgut upon exposure to invasive stages of *Plasmodium falciparum*. *Cell Microbiol*, 3, 449-458.

Bown, D.P. and Gatehouse, J.A. (2004) Characterization of a digestive carboxypeptidase from the insect pest corn earworm (*Helicoverpa armigera*) with novel specificity towards C-terminal glutamate residues. *Eur J Biochem*, 271, 2000-2011.

Bown, D.P., Wilkinson, H.S. and Gatehouse, J.A. (1998) Midgut carboxypeptidase from *Helicoverpa armigera* (Lepidoptera: Noctuidae) larvae: enzyme characterisation, cDNA cloning and expression. *Insect Biochemistry & Molecular Biology*, 28, 739-749.

Breman, J.G., Alilio, M.S. and Mills, A. (2004) Conquering the intolerable burden of malaria: what's new, what's needed: a summary. *Am J Trop Med Hyg*, 71, 1-15.

Brennan, J.D., Kent, M., Dhar, R., Fujioka, H. and Kumar, N. (2000) *Anopheles gambiae* salivary gland proteins as putative targets for blocking transmission of malaria parasites. *Proc Natl Acad Sci U S A*, 97, 13859-13864.

Briegel, H. and Lea, A.O. (1975) Relationship between protein and proteolytic activity in the midgut of mosquitoes. *J Insect Physiol*, 21, 1597-1604.

Brown, A., Bugeon, L., Crisanti, A. and Catteruccia, F. (2003) Stable and heritable gene silencing in the malaria vector *Anopheles stephensi*. *Nucleic Acids Research*, 31, e85.

Burgos, F.J., Salva, M., Villegas, V., Soriano, F., Mendez, E. and Aviles, F.X. (1991) Analysis of the activation process of porcine procarboxypeptidase B and determination of the sequence of its activation segment. *Biochemistry*, 30, 4082-4089.

- C -

Carter, R. and Chen, D.H. (1976) Malaria transmission blocked by immunisation with gametes of the malaria parasite. *Nature*, 263, 57-60.

Carter, R. and Gwadz, R.W. (1980) Infectiousness and gamete immunization in malaria. In KREIER, J.P. (ed.), *Malaria*. Academic press, New York, Vol. 3, pp. 263-297.

Carter, R., Gwadz, R.W. and Green, I. (1979) *Plasmodium gallinaceum*: Transmission-blocking immunity in chickens. II. The effect of antigamete antibodies in vitro and in vivo and their elaboration during infection. *Exp Parasitol*, 47, 194-208.

Carter, R., Kumar, N. and al, e. (1988) Immunity to sexual stages of malaria parasites. *Progress in Allergy*, 41, 193-214.

Carter, R., Mendis, K.N., Miller, L.H., Molineaux, L. and Saul, A. (2000) Malaria transmission-blocking vaccines--how can their development be supported? *Nat Med*, 6, 241-244.

Catteruccia, F. (2000) Stable germline transformation of the malaria mosquito *Anopheles stephensi*.[comment].

Cayre, M., Malaterre, J., Strambi, C., Charpin, P., Ternaux, J.P. and Strambi, A. (2001) Short- and long-chain natural polyamines play specific roles in adult cricket neuroblast proliferation and neuron differentiation in vitro. *J Neurobiol*, 48, 315-324.

Chadee, D.D. and Beier, J.C. (1995) Blood-engorgement kinetics of four anopheline mosquitoes from Trinidad, West Indies. *Ann Trop Med Parasitol*, 89, 55-62.

Chege, G.M.M., Pumpuni, C.B. and Beier, J.C. (1996) Proteolytic enzyme activity and *Plasmodium falciparum* sporogonic development in three species of *Anopheles* mosquitoes. *Journal of Parasitology*, 82, 11-16.

Christophides, G.K., Zdobnov, E., Barillas-Mury, C., Birney, E., Blandin, S., Blass, C., Brey, P.T., Collins, F.H., Danielli, A., Dimopoulos, G., Hetru, C., Hoa, N.T., Hoffmann, J.A., Kanzok, S.M., Letunic, I., Levashina, E.A., Loukeris, T.G., Lycett, G., Meister, S., Michel, K., Moita, L.F., Muller, H.M., Osta, M.A., Paskewitz, S.M., Reichhart, J.M., Rzhetsky, A., Troxler, L., Vernick, K.D., Vlachou, D., Volz, J., von Mering, C., Xu, J., Zheng, L., Bork, P. and Kafatos, F.C. (2002) Immunity-related genes and gene families in *Anopheles gambiae*. *Science*, 298, 159-165.

Claudianos, C., Dessens, J.T., Trueman, H.E., Arai, M., Mendoza, J., Butcher, G.A., Crompton, T. and Sinden, R.E. (2002) A malaria scavenger receptor-like protein essential for parasite development. *Mol Microbiol*, 45, 1473-1484.

Clements, A.N. (1992) *The biology of mosquitoes*. Chapman and Hall, London.

Coates, C.J., Jasinskiene, N., Pott, G.B. and James, A.A. (1999) Promoter-directed expression of recombinant fire-fly luciferase in the salivary glands of Hermes-transformed *Aedes aegypti*. *Gene*, 226, 317-325.

Cociancich, S.O., Park, S.S., Fidock, D.A. and Shahabuddin, M. (1999) Vesicular ATPase-overexpressing cells determine the distribution of malaria parasite oocysts on the midguts of mosquitoes. *Journal of Biological Chemistry*, 274, 12650-12655.

Collins, F.H., Sakai, R.K., Vernick, K.D., Paskewitz, S.M., Seeley, D.C., Miller, L.H., Collins, W.E., Cambell, C.C. and Gwadz, R.W. (1986) Genetic selection of a Plasmodium-refractory strain of the malaria vector *Anopheles gambiae*. *Sciences*, 234, 607-610.

Cui, L., Rzomp, K.A., Fan, Q., Martin, S.K. and Williams, J. (2001) *Plasmodium falciparum*: differential display analysis of gene expression during gametocytogenesis. *Exp Parasitol*, 99, 244-254.

- D -

Danielli, A., Kafatos, F.C. and Loukeris, T.G. (2003) Cloning and characterization of four *Anopheles gambiae* serpin isoforms, differentially induced in the midgut by *Plasmodium berghei* invasion. *J Biol Chem*, 278, 4184-4193.

Dessens, J.T., Beetsma, A.L., Dimopoulos, G., Wengelnik, K., Crisanti, A., Kafatos, F.C. and Sinden, R.E. (1999) CTRP is essential for mosquito infection by malaria ookinetes. *Embo J*, 18, 6221-6227.

Dessens, J.T., Siden-Kiamos, I., Mendoza, J., Mahairaki, V., Khater, E., Vlachou, D., Xu, X.J., Kafatos, F.C., Louis, C., Dimopoulos, G. and Sinden, R.E. (2003) SOAP, a novel malaria ookinete protein involved in mosquito midgut invasion and oocyst development. *Mol Microbiol*, 49, 319-329.

Dikov, M.M., Springman, E.B., Yeola, S. and Serafin, W.E. (1994) Processing of procarboxypeptidase A and other zymogens in murine mast cells. *J Biol Chem*, 269, 25897-25904.

Dimopoulos, G., Casavant, T.L., Chang, S., Scheetz, T., Roberts, C., Donohue, M., Schultz, J., Benes, V., Bork, P., Ansorge, W., Soares, M.B. and Kafatos, F.C. (2000) *Anopheles gambiae* pilot gene discovery project: identification of mosquito innate immunity genes from expressed sequence tags generated from immune-competent cell lines. *Proc Natl Acad Sci USA*, 97, 6619-6624.

Dimopoulos, G., Christophides, G.K., Meister, S., Schultz, J., White, K.P., Barillas-Mury, C. and Kafatos, F.C. (2002) Genome expression analysis of *Anopheles gambiae*: responses to injury, bacterial challenge, and malaria infection. *Proc Natl Acad Sci USA*, 99, 8814-8819.

Dimopoulos, G., Richman, A., Muller, H.M. and Kafatos, F.C. (1997) Molecular immune responses of the mosquito *Anopheles gambiae* to bacteria and malaria parasites [see comments]. *Proceedings of the National Academy of Sciences of the United States of America*, 94, 11508-11513.

Dimopoulos, G., Seeley, D., Wolf, A. and Kafatos, F.C. (1998) Malaria infection of the mosquito *Anopheles gambiae* activates immune-responsive genes during critical transition stages of the parasite life cycle. *EMBO Journal*, 17, 6115-6123.

Dinglasan, R., Fields, I., Shahabuddin, M., Azad, A. and Sacci, J. (2003) Monoclonal antibody MG96 completely blocks *Plasmodium yoelii* development in *Anopheles stephensi*. *Infection and Immunity*, 71, 6995-7001.

Duffy, P.E. and Kaslow, D.C. (1997) A novel malaria protein, Pfs28, and Pfs25 are genetically linked and synergistic as falciparum malaria transmission-blocking vaccines. *Infect Immun*, 65, 1109-1113.

- E -

Edwards, M.J., Lemos, F.J., Donnelly-Doman, M. and Jacobs-Lorena, M. (1997) Rapid induction by a blood meal of a carboxypeptidase gene in the gut of the mosquito *Anopheles gambiae. Insect Biochem Mol Biol*, 27, 1063-1072.

Edwards, M.J., Moskalyk, L.A., Donelly-Doman, M., Vlaskova, M., Noriega, F.G., Walker, V.K. and Jacobs-Lorena, M. (2000) Characterization of a carboxypeptidase A gene from the mosquito, *Aedes aegypti. Insect Mol Biol*, 9, 33-38.

Eggleson, K.K., Duffin, K.L. and Goldberg, D.E. (1999) Identification and characterization of falcilysin, a metallopeptidase involved in hemoglobin catabolism within the malaria parasite *Plasmodium falciparum. J Biol Chem*, 274, 32411-32417.

Eggleston, P. and Zhao, Y. (2001) A sensitive and rapid assay for homologous recombination in mosquito cells: impact of vector topology and implications for gene targeting. *BMC Genet*, 2, 21.

Elvin, C.M., Vuocolo, T., Pearson, R.D., East, I.J., Riding, G.A., Eisemann, C.H. and Tellam, R.L. (1996) Characterization of a major peritrophic membrane protein, peritrophin-44, from the larvae of Lucilia cuprina. cDNA and deduced amino acid sequences. *J Biol Chem*, 271, 8925-8935.

- F -

Feldmann, A.M., Billingsley, P.F. and Savelkoul, A. (1990) Bloodmeal digestion of strains of *Anopheles stephensi* Liston (Diptera : Culicidae) of differing susceptibility to *Plasmodium falciparum. Parasitology*, 101, 193-200.

Feng, Z., Hoffmann, R.N., Nussenzweig, R.S., Tsuji, M., Fujioka, H., Aikawa, M., Lensen, T.H.W., Ponnudurai, T. and Pologe, L.G. (1993) Pfs2400 Can Mediate Antibody-Dependent Malaria Transmission Inhibition and May Be the *Plasmodium falciparum* 11.1 Gene Product. *Journal of Experimental Medicine*, 177, 273-281.

Ferreira, C., Bellinello, G.L., Ribeiro, J.M. and Terra, W.R. (1990) Digestive enzymes associated with the glycocalyx, microvillar membranes and secretory vesicles from midgut cells of *Tenebrio molitor* larvae. *Insect Biochemistry*, 20, 839-847.

Ferreira, C., Capella, A.N., Sitnik, R. and Terra, W.R. (1994) Digestive enzymes in midgut cells, endoperitrophic and ectoperitrophic contents, and peritrophic membranes of *Spodoptera frugiperda* (Lepidoptera) larvae. *Arch Insect Biochem Physiol*, 26, 299-313.

Fire, A., Xu, S., Montgomery, M.K., Kostas, S.A., Driver, S.E. and Mello, **C.C.** (1998) Potent and specific genetic interference by double-stranded RNA in Caenorhabditis elegans. *Nature*, 391, 806-811.

Foley, E. and O'Farrell, P.H. (2003) Nitric oxide contributes to induction of innate immune responses to gram-negative bacteria in Drosophila. *Genes Dev*, 17, 115-125.

Folk, J.E. and Gladner, J.A. (1958) Carboxypeptidase B. I. Purification of the zymogen and specificity of the enzyme. *J Biol Chem*, 231, 379-391.

Folk, J.E., Piez, K.A., Carroll, W.R. and Gladner, J.A. (1960) Carboxypeptidase B. IV. Purification and characterization of the porcine enzyme. *J Biol Chem*, 235, 2272-2277.

Folk, J.E., Wolff, E.C. and Schirmer, E.W. (1962) The kinetics of carboxypeptidase B activity. II. Kinetic parameter of the cobalt and cadmium enzymes. *J Biol Chem*, 237, 3100-3104.

Foo, A., Carter, R., Lambros, C., Graves, P., Quakyi, I., Targett, G.A., Ponnudurai, T. and Lewis, G.E., Jr. (1991) Conserved and variant epitopes of target antigens of transmission-blocking antibodies among isolates of *Plasmodium falciparum* from Malaysia. *Am J Trop Med Hyg*, 44, 623-631.

Francis, S.E., Sullivan, D.J., Jr. and Goldberg, D.E. (1997) Hemoglobin metabolism in the malaria parasite *Plasmodium falciparum. Annu Rev Microbiol*, 51, 97-123.

Fricker, L.D., Berman, Y.L., Leiter, E.H. and Devi, L.A. (1996) Carboxypeptidase E activity is deficient in mice with the fat mutation. Effect on peptide processing. *J Biol Chem*, 271, 30619-30624.

Fries, H.C., Lamers, M.B., van Deursen, J., Ponnudurai, T. and Meuwissen, J.H. (1990) Biosynthesis of the 25-kDa protein in the macrogametes/zygotes of *Plasmodium falciparum. Exp Parasitol*, 71, 229-235.

- G -

Garcia, G.E., Wirtz, R.A. and Rosenberg, R. (1997) Isolation of a substance from the mosquito that activates *Plasmodium* fertilization. *Molecular. Biochem. Parasitol.*, 88 (1-2), 127-135.

Gass, R.F. (1977) Influences of blood digestion on the development of *Plasmodium gallinaceum* (Brumpt) in the midgut of *Aedes aegypti* (L.). *Acta Trop*, 34, 127-140.

Gass, R.F. and Yeates, R.A. (1979) In vitro damage of cultured ookinetes of *Plasmodium gallinaceum* by digestive proteinases from susceptible *Aedes aegypti. Acta Trop*, 36, 243-252.

Ghosh, A.K., Ribolla, P.E. and Jacobs-Lorena, M. (2001) Targeting Plasmodium ligands on mosquito salivary glands and midgut with a phage display peptide library. *Proc Natl Acad Sci U S A*, 98, 13278-13281.

Gillet, J.M., Charlier, J., Bone, G., Mulamba, P.L., Bown, D.P., Wilkinson, H.S. and Gatehouse, J.A. (1983) *Plasmodium berghei*: inhibition of the sporogonous cycle by alpha-difluoromethylornithine. *Exp Parasitol*, 56, 190-193.

Goldberg, D.E. (1993) Hemoglobin degradation in Plasmodium-infected red blood cells. *Semin Cell Biol*, 4, 355-361.

Gooding, R.H. (1977) Digestive processes of haematophagous insects. XIV. Haemolytic activity in the midgut of *Glossina morsitans morstians* Westwood (Diptera: Glossinidae). *Canadian Journal of Zoology*, 55, 1899-1905.

Gorman, M.J. and Paskewitz, S.M. (2001) Serine proteases as mediators of mosquito immune responses. *Insect Biochem Mol Biol*, 31, 257-262.

Gouagna, L.C., Mulder, B., Noubissi, E., Tchuinkam, T., Verhave, J.P. and Boudin, C. (1998) The early sporogonic cycle of *Plasmodium falciparum* in laboratory-infected *Anopheles gambiae*: an estimation of parasite efficacy. *Tropical Medicine & International Health*, 3, 21-28.

Gozar, M.M., Price, V.L. and Kaslow, D.C. (1998) Saccharomyces cerevisiae-secreted fusion proteins Pfs25 and Pfs28 elicit potent *Plasmodium falciparum* transmission-blocking antibodies in mice. *Infection & Immunity*, 66, 59-64.

Graves, P.M., Carter, R., Burkot, T.R., Quakyi, I.A. and Kumar, N. (1988) Antibodies to *Plasmodium falciparum* gamete antigens in Papua New Guinea sera. *Parasite immunology*, 10, 209-218.

Grossman, G.L., Rafferty, C.S., Clayton, J.R., Stevens, T.K., Mukabayire, O. and Benedict, M.Q. (2001) Germline transformation of the malaria vector, *Anopheles gambiae*, with the piggyBac transposable element. *Insect Mol Biol*, 10, 597-604.

Grotendorst, C.A. and Carter, R. (1987) Complement effects of the infectivity of *Plasmodium gallinaceum* to *Aedes aegypti* mosquitoes. II. Changes in sensitivity to complement-like factors during zygote development. *Journal of Parasitology*, 73, 980-984.

Grotendorst, C.A., Carter, R., Rosenberg, R. and Foontz, L. (1986) Complement effects on the infectivity of *Plasmodium gallinaceum* to *Aedes aegypti* mosquitoes .I. resistance of zygotes to the alternative pathway of complement. *J. Immunol.*, 136, 4270-4274.

Gwadz, R.W. (1976) Successful immunization against the sexual stages of *Plasmodium gallinaceum*. *Science*, 193, 1150-1151.

- H -

Han, Y.S., Thompson, J., Kafatos, F.C. and Barillas-Mury, C. (2000) Molecular interactions between *Anopheles stephensi* midgut cells and *Plasmodium berghei*: the time bomb theory of ookinete invasion of mosquitoes. *Embo J*, 19, 6030-6040.

Hansen, I.A., Attardo, G.M., Park, J.H., Peng, Q. and Raikhel, A.S. (2004) Target of rapamycin-mediated amino acid signaling in mosquito anautogeny. *Proc Natl Acad Sci U S A*, 101, 10626-10631.

Hawking, F., Wilson, M.E. and Gammage, K. (1971) Evidence for cyclic development and short-lived maturity in the gametocytes of *Plasmodium falciparum*. *Transactions of the royal society of tropical medecine and hygiene*, 65 n°5, 549-559.

Healer, J., McGuinness, D., Carter, R. and Riley, E. (1999) Transmission-blocking immunity to *Plasmodium falciparum* in malaria-immune individuals is associated with antibodies to the gamete surface protein Pfs230. *Parasitology*, 119, 425-433.

Healer, J., McGuinness, D., Hopcroft, P., Haley, S., Carter, R. and Riley, E. (1997) Complement-mediated lysis of *Plasmodium falciparum* gametes by malaria-immune human sera is associated with antibodies to the gamete surface antigen Pfs230. *Infection & Immunity*, 65, 3017-3023.

Herrera-Ortiz, A., Lanz-Mendoza, H., Martinez-Barnetche, J., Hernandez-Martinez, S., Villarreal-Trevino, C., Aguilar-Marcelino, L. and Rodriguez, M.H. (2004) *Plasmodium berghei* ookinetes induce nitric oxide production in *Anopheles pseudopunctipennis* midguts cultured in vitro. *Insect Biochem Mol Biol*, 34, 893-901.

Hoa, N.T., Keene, K.M., Olson, K.E. and Zheng, L. (2003) Characterization of RNA interference in an *Anopheles gambiae* cell line. *Insect Biochem Mol Biol*, 33, 949-957.

Hoffmann, J.A. and Reichhart, J.M. (2002) Drosophila innate immunity: an evolutionary perspective. *Nat Immunol*, 3, 121-126.

Hogg, J.C. and Hurd, H. (1995a) *Plasmodium yoelii nigeriensis*: The effect of high and low intensity of infection upon the egg production and bloodmeal size of *Anopheles stephensi* during three gonotrophic cycles. *Parasitology*, 111, 555-562.

Hogg, J.C. and Hurd, H. (1995b) Malaria-induced reduction of fecundity during the first gonotrophic cycle of *Anopheles stephensi* mosquitoes. *Medical & Veterinary Entomology*, 9, 176-180.

Hogg, J.C. and Hurd, H. (1997) The effects of natural *Plasmodium falciparum* infection on the fecundity and mortality of *Anopheles gambiae s.l.* *Parasitology*, 114, 325-331.

Hogh, B., Gamage-Mendis, A., Butcher, G.A., Thompson, R., Begtrup, K., Mendis, C., Enosse, S.M., Dgedge, M., Barreto, J., Eling, W. and Sinden, R.E. (1998) The differing impact of chloroquine and pyrimethamine/sulfadoxine upon the infectivity of malaria species to the mosquito vector. *Am J Trop Med Hyg*, 58, 176-182.

Hollingdale, M.R., McCann, P.P. and Sjoerdsma, A. (1985) *Plasmodium berghei*:

inhibitors of ornithine decarboxylase block exoerythrocytic schizogony. *Exp Parasitol*, 60, 111-117.

Huang, H., Reed, C.P., Zhang, J.S., Shridhar, V., Wang, L. and Smith, D.I. (1999) Carboxypeptidase A3 (CPA3): a novel gene highly induced by histone deacetylase inhibitors during differentiation of prostate epithelial cancer cells. *Cancer Res*, 59, 2981-2988.

Huber, M., Cabib, E. and Miller, L.H. (1991) Malaria parasite chitinase and penetration of the mosquito peritrophique membrane. *Proceedings of the National Academy of Sciences, U.S.A.*, 88, 2807-2810.

Huff, C.G., Marchbank, D.F. and Shiroishi, T. (1958) Changes in infectiousness of malarial gametocytes. II. Analysis of the possible causative factors. *Exp Parasitol*, 7, 399-417.

- I J -

Ito, J., Ghosh, A., Moreira, L.A., Wimmer, E.A. and Jacobs-Lorena, M. (2002) Transgenic anopheline mosquitoes impaired in transmission of a malaria parasite. *Nature*, 417, 452-455.

Jahan, N., Docherty, P.T., Billingsley, P.F. and Hurd, H. (1999) Blood digestion in the mosquito, *Anopheles stephensi*: the effects of *Plasmodium yoelii* nigeriensis on midgut enzyme activities. *Parasitology*, 119, 535-541.

- K -

Kaplan, R.A., Zwiers, S.H. and Yan, G. (2001) *Plasmodium gallinaceum*: ookinete formation and proteolytic enzyme dynamics in highly refractory *Aedes aegypti* populations. *Exp Parasitol*, 98, 115-122.

Kaslow, D.C. (1993) Transmission-blocking immunity against malaria and other vector-borne diseases. *Current Opinion in Immunology*, 5, 557-565.

Kaslow, D.C. (1997) Transmission-blocking vaccines: uses and current status of development. *Int J Parasitol*, 27, 183-189.

Kaslow, D.C., Bathurst, I.C., Lensen, T., Ponnudurai, T., Barr, P. and Keister, D.B. (1994) *Saccharomyces cervisae* recombinant Pfs25 absorbed to alum elicits antibodies that block transmission of *Plasmodium falciparum*. *Infection and immunity*, 62, 5576-5580.

Kaslow, D.C., Quakyi, I.A., Syin, C., Raum, M.G., Keister, D.B. and al;, e. (1988) A vaccine candidate from the sexual stage of human malaria that contains EGF-like domains. *Nature*, 333, 74-76.

Kaslow, D.C., Syin, C., McCutchan, T.F. and Miller, L.H. (1989) Comparison of the primary structure of the 25 kDa ookinete surface

antigens of *Plasmodium falciparum* and *Plasmodium gallinaceum* reveal six conserved regions. *Mol Biochem Parasitol*, 33, 283-287.

Kaushal, D.C. and Carter, R. (1984) Characterization of antigens on mosquito midgut stages of *Plasmodium gallinaceum*. II. Comparison of surface antigens of male and female gametes and zygotes. *Mol Biochem Parasitol*, 11, 145-156.

Kim, W., Koo, H., Richman, A.M., Seeley, D., Vizioli, J., Klocko, A.D. and O'Brochta, D.A. (2004) Ectopic expression of a cecropin transgene in the human malaria vector mosquito *Anopheles gambiae* (Diptera: Culicidae): effects on susceptibility to Plasmodium. *J Med Entomol*, 41, 447-455.

Klemba, M., Gluzman, I. and Goldberg, D.E. (2004) A *Plasmodium falciparum* Dipeptidyl Aminopeptidase I Participates in Vacuolar Hemoglobin Degradation. *J Biol Chem*, 279, 43000-43007.

Koella, J.C. and Sorense, F.L. (2002) Effect of adult nutrition on the melanization immune response of the malaria vector *Anopheles stephensi*. *Med Vet Entomol*, 16, 316-320.

Kokoza, V., Ahmed, A., Cho, W.L., Jasinskiene, N., James, A.A. and Raikhel, A. (2000) Engineering blood meal-activated systemic immunity in the yellow fever mosquito, *Aedes aegypti*. *Proc Natl Acad Sci U S A*, 97, 9144-9149.

Kolakovich, K.A., Gluzman, I.Y., Duffin, K.L. and Goldberg, D.E. (1997) Generation of hemoglobin peptides in the acidic digestive vacuole of *Plasmodium falciparum* implicates peptide transport in amino acid production. *Mol Biochem Parasitol*, 87, 123-135.

Kumar, S., Gupta, L., Han, Y.S. and Barillas-Mury, C. (2004) Inducible peroxidases mediate nitration of *Anopheles* midgut cells undergoing apoptosis in response to Plasmodium invasion. *J Biol Chem*.

- L -

Lal, A.A., Patterson, P.S., Sacci, J.B., Vaughan, J.A., Paul, C., Collins, W.E., Wirtz, R.A. and Azad, A.F. (2001) Anti-mosquito midgut antibodies block development of *Plasmodium falciparum* and *Plasmodium vivax* in multiple species of *Anopheles* mosquitoes and reduce vector fecundity and survivorship. *Proc Natl Acad Sci USA*, 98, 5228-5233.

Lal, A.A., Schriefer, M.E., Sacci, J.B., Goldman, I.F., Louis-Wileman, V., Collins, W.E. and Azad, A.F. (1994) Inhibition of malaria parasite development in mosquitoes by anti-mosquito-midgut antibodies. *Infect. immun.*, 62, N°1, 316-318.

Langer, R.C., Li, F., Popov, V., Kurosky, A. and Vinetz, J.M. (2002) Monoclonal antibody against the *Plasmodium falciparum* chitinase, PfCHT1, recognizes a malaria transmission-blocking epitope in *Plasmodium gallinaceum* ookinetes unrelated to the chitinase PgCHT1. *Infect Immun*, 70, 1581-1590.

Langer, R.C. and Vinetz, J.M. (2001) *Plasmodium* ookinete-secreted chitinase and parasite penetration of the mosquito peritrophic matrix. *Trends Parasitol*, 17, 269-272.

Lehane, M.J., Elvin, C.M., Vuocolo, T., Pearson, R.D., East, I.J., Riding, G.A., Eisemann, C.H. and Tellam, R.L. (1997) Peritrophic matrix structure and function. *Annu Rev Entomol*, 42, 525-550.

Lemos, F.J., Cornel, A.J. and Jacobs-Lorena, M. (1996) Trypsin and aminopeptidase gene expression is affected by age and food composition in *Anopheles gambiae*. *Insect Biochemistry & Molecular Biology*, 26, 651-658.

Lensen, A., Bril, A., van de Vegte, M., van Gemert, G.J., Eling, W. and Sauerwein, R. (1999) *Plasmodium falciparum*: infectivity of cultured, synchronized gametocytes to mosquitoes. *Experimental Parasitology*, 91, 101-103.

Lensen, A.H.W., Van GEMERT, G.J.A., Bolmer, M.G., Meis, J.F.G.M., Kaslow, D., Meuwissen, J.H.E.T. and Ponnudurai, T. (1992) Transmission blocking antibody of the *Plasmodium falciparum* zygote/ookinete surface protein Pfs25 also influences sporozoite development. *Parasite Immunology*, 14, 471-479.

Levashina, E.A., Langley, E., Green, C., Gubb, D., Ashburner, M., Hoffmann, J.A. and Reichhart, J.M. (1999) Constitutive activation of toll-mediated antifungal defense in serpin-deficient Drosophila. *Science*, 285, 1917-1919.

Levashina, E.A., Moita, L.F., Blandin, S., Vriend, G., Lagueux, M. and Kafatos, F.C. (2001) Conserved Role of a Complement-like Protein in Phagocytosis Revealed by dsRNA Knockout in Cultured Cells of the Mosquito, *Anopheles gambiae*. *Cell*, 104, 709-718.

Li, D., Scherfer, C., Korayem, A.M., Zhao, Z., Schmidt, O. and Theopold, U. (2002) Insect hemolymph clotting: evidence for interaction between the coagulation system and the prophenoloxidase activating cascade. *Insect Biochemistry & Molecular Biology*, 32, 919-928.

Li, F., Templeton, T.J., Popov, V., Comer, J.E., Tsuboi, T., Torii, M. and Vinetz, J.M. (2004) *Plasmodium* ookinete-secreted proteins secreted through a common micronemal pathway are targets of blocking malaria transmission. *J Biol Chem*, 279, 26635-26644.

Limviroj, W., Yano, K., Yuda, M., Ando, K. and Chinzei, Y. (2002) Immuno-electron microscopic observation of *Plasmodium berghei* CTRP localization in the midgut of the vector mosquito *Anopheles stephensi*. *J Parasitol*, 88, 664-672.

Luckhart, S., Vodovotz, Y., Cui, L. and Rosenberg, R. (1998) The mosquito *Anopheles stephensi* limits malaria parasite development with inducible synthesis of nitric oxide. *Proc Natl Acad Sci USA*, 95, 5700-5705.

Luo, C. and Zheng, L. (2000) Independent evolution of Toll and related genes in insects and mammals. *Immunogenetics*, 51, 92-98.

- M -

Mack, S.R., Samuels, S. and Vanderberg, J.P. (1979a) Hemolymph of *Anopheles stephensi* from noninfected and *Plasmodium berghei*-infected mosquitoes. 3. Carbohydrates. *J Parasitol*, 65, 217-221.

Mack, S.R., Samuels, S. and Vanderberg, J.P. (1979b) Hemolymph of *Anopheles stephensi* from uninfected and *Plasmodium berghei*-infected mosquitoes. 2. Free amino acids. *J Parasitol*, 65, 130-136.

Margos, G., Navarette, S., Butcher, G., Davies, A., Willers, C., Sinden, R.E. and Lachmann, P.J. (2001) Interaction between host complement and mosquito-midgut-stage *Plasmodium berghei*. *Infect Immun*, 69, 5064-5071.

Matuschewski, K., Nunes, A.C., Nussenzweig, V. and Menard, R. (2002) *Plasmodium* sporozoite invasion into insect and mammalian cells is directed by the same dual binding system. *Embo J*, 21, 1597-1606.

McKay, T.J., Phelan, A.W. and Plummer, T.H., Jr. (1979) Comparative studies on human carboxypeptidases B and N. *Arch Biochem Biophys*, 197, 487-492.

Meis, J.F., Pool, G., van Gemert, G.J., Lensen, A.H., Ponnudurai, T. and Meuwissen, J.H. (1989b) *Plasmodium falciparum* ookinetes migrate intercellularly through *Anopheles stephensi* midgut epithelium. *Parasitol Res*, 76, 13-19.

Meis, J.F.G.M. and Ponnudurai, T. (1987) Ulstrastructural studies on the interaction of *Plasmodium falciparum* ookinetes with the midgut epithelium of *Anopheles stephensi* mosquitoes. *Parasitol. Res.*, 73, 500-506.

Meis, J.F.G.M., Pool, G., v.Gemert, G.J., Lensen, A.H.W. and Ponnudurai, T. (1989a) Interaction of *Plasmodium falciparum* ookinetes with mosquito midguts and oocyst development. *Trop. Geogr. Med.*, 41.

Ménard, R., Sultan, A.A., Cortes, C., Altszuler, R., van Dijk, M.R., Janse, C.J., Waters, A.P., Nussenzweig, R.S. and Nussenzweig, V. (1997) Circumsporozoite protein is required for development of malaria sporozoites in mosquitoes. *Nature*, 385, 336-340.

Moreira, L.A., Edwards, M.J., Adhami, F., Jasinskiene, N., James, A.A. and Jacobs-Lorena, M. (2000) Robust gut-specific gene expression in transgenic *Aedes aegypti* mosquitoes [In Process Citation]. *Proc Natl Acad Sci USA*, 97, 10895-10898.

Moreira, L.A., Ito, J., Ghosh, A., Devenport, M., Zieler, H., Abraham, E.G., Crisanti, A., Nolan, T.,

Catteruccia, F. and Jacobs-Lorena, M. (2002) Bee venom phospholipase inhibits malaria parasite development in transgenic mosquitoes. *Journal of Biological Chemistry*, 277, 40839-40843.

Moreira, L.A., Wang, J., Collins, F.H. and Jacobs-Lorena, M. (2004) Fitness of anopheline mosquitoes expressing transgenes that inhibit Plasmodium development. *Genetics*, 166, 1337-1341.

Moskalyk, L.A. (1998) Carboxypeptidase B in *Anopheles gambiae* (Diptera: Culicidae): effects of abdominal distention and blood ingestion. *Journal of Medical Entomology*, 35, 216-221.

Muhia, D.K., Swales, C.A., Deng, W., Kelly, J.M. and Baker, D.A. (2001) The gametocyte-activating factor xanthurenic acid stimulates an increase in membrane-associated guanylyl cyclase activity in the human malaria parasite *Plasmodium falciparum*. *Mol Microbiol*, 42, 553-560.

Müller, H.M., Catteruccia, F., Vizioli, J., Dellatorre, A. and Crisanti, A. (1995) Constitutive and blood meal-induced trypsin genes in *Anopheles gambiae*. *Experimental Parasitology*, 81, 371-385.

Müller, H.M., Crampton, J.M., della Torre, A., Sinden, R. and Crisanti, A. (1993) Members of a trypsin gene family in *Anopheles gambiae* are induced in the gut by blood meal. *EMBO Journal*, 12, 2891-2900.

- N -

Nappi, A.J., Vass, E., Frey, F. and Carton, Y. (2000) Nitric oxide involvement in Drosophila immunity. *Nitric Oxide*, 4, 423-430.

Nathan, C.F. and Hibbs, J.B., Jr. (1991) Role of nitric oxide synthesis in macrophage antimicrobial activity. *Curr Opin Immunol*, 3, 65-70.

Nijhout, M.M. and Carter, R. (1978) Gamete development in malarial parasites: bicarbonate-dependant stimulation by pH *in vitro*. *Parasitology*, 76, 39-53.

Noriega, F.G., Edgar, K.A., Bechet, R. and Wells, M.A. (2002) Midgut exopeptidase activities in *Aedes aegypti* are induced by blood feeding. *Journal of Insect Physiology*, 48, 205-212.

Noriega, F.G., Pennington, J.E., Barillas-Mury, C., Wang, X.-Y. and Wells, M.A. (1996) Early trypsin, an *Aedes aegypti* female specific protease, is post-transcriptionally regulated by the blood meal. *Insect Mol Biol*, 5, 25-29.

Noriega, F.G., Shah, D.K., Wells, M.A., Elvin, C.M., Vuocolo, T., Pearson, R.D., East, I.J., Riding, G.A., Eisemann, C.H. and Tellam, R.L. (1997) Juvenile hormone controls early trypsin gene transcription in the midgut of *Aedes aegypti*. *Insect Mol Biol*, 6, 63-66.

Noriega, F.G. and Wells, M.A. (1999) Mini-review : a molecular view of trypsin synthetis in the midgut of *Aedes aegypti*. *Journal of Insect Physiology*, 45, 613-620.

Novikova, E.G., Eng, F.J., Yan, L., Qian, Y. and Fricker, L.D. (1999) Characterization of the enzymatic properties of the first and second domains of metallocarboxypeptidase D. *J Biol Chem*, 274, 28887-28892.

- O -

Oduol, F., Xu, J., Niare, O., Natarajan, R. and Vernick, K.D. (2000) Genes identified by an expression screen of the vector mosquito *Anopheles gambiae* display differential molecular immune response to malaria parasites and bacteria. *Proc Natl Acad Sci USA*, 97, 11397-11402.

Osta, M.A., Christophides, G.K. and Kafatos, F.C. (2004) Effects of mosquito genes on *Plasmodium* development. *Science*, 303, 2030-2032.

- P -

Paskewitz, S.M., Schwartz, A.M. and Gorman, M.J. (1998) The role of surface characteristics in eliciting humoral encapsulation of foreign bodies in Plasmodium-refractory and -susceptible strains of *Anopheles gambiae*. *J Insect Physiol*, 44, 947-954.

Paton, M.G., Barker, G.C., Matsuoka, H., Ramesar, J., Janse, C.J., Waters, A.P. and Sinden, R.E. (1993) Structure and expression of a post-transcriptionally regulated malaria gene encoding a surface protein from the sexual stages of *Plasmodium berghei*. *Mol Biochem Parasitol*, 59, 263-275.

Perera, O.P., Harrell, I.R. and Handler, A.M. (2002) Germ-line transformation of the South American malaria vector, *Anopheles albimanus*, with a piggyBac/EGFP transposon vector is routine and highly efficient. *Insect Mol Biol*, 11, 291-297.

Phillips, R.S. (2001) Current status of malaria and potential for control. *Clin Microbiol Rev*, 14, 208-226.

Plummer, T.H., Jr. and Ryan, T.J. (1981) A potent mercapto bi-product analogue inhibitor for human carboxypeptidase N. *Biochem Biophys Res Commun*, 98, 448-454.

Pradel, G., Hayton, K., Aravind, L., Iyer, L.M., Abrahamsen, M.S., Bonawitz, A., Mejia, C. and Templeton, T.J. (2004) A multidomain adhesion protein family expressed in *Plasmodium falciparum* is essential for transmission to the mosquito. *J Exp Med*, 199, 1533-1544.

- Q -

Quakyi, I.A., Carter, R., Rener, J., Kumar, N., Good, M.F. and Miller, L.H. (1987) The 230-kDa gamete surface protein of *Plasmodium falciparum* is also a target for transmission-blocking antibodies. *Journal of Immunology*, 139, 4213-4217.

- R -

Ramasamy, M.S., Kulasekera, R., Srikrishnaraj, K.A. and Ramasamy, R. (1996) Different effects of modulation of mosquito (Diptera:Culicidae) trypsin activity on the infectivity of two human malaria (Hemosporidia:Plasmodidae) parasites. *J Med Entomol*, 33, 777-782.

Ramasamy, M.S., Kulasekera, R., Wanniarachchi, I.C., Srikrishnaraj, K.A. and Ramasamy, R. (1997) Interactions of human malaria parasites, *Plasmodium vivax* and *P.falciparum*, with the midgut of *Anopheles* mosquitoes. *Medical & Veterinary Entomology*, 11, 290-296.

Ramasamy, M.S. and Ramasamy, R. (1990) Effect of anti-mosquito antibodies on the infectivity of the rodent malaria parasite *Plasmodium berghei* to Anopheles farauti. *Medical and Veterinary Entomology*, 4, 161-166.

Ramos, A., Mahowald, A. and Jacobs-Lorena, M. (1993) Gut-specific genes from the black fly *Simulium vittatum* encoding trypsin-like and carboxypeptidase-like proteins. *Insect Mol Biol*, 1, 149-163.

Rener, J., Graves, P.M., Carter, R., Williams, J.L. and Burkot, T.R. (1983) Target antigens of transmission-blocking immunity on gametes of *Plasmodium falciparum*. *Journal of Experimental Medicine*, 158, 976-981.

Reznik, S.E. and Fricker, L.D. (2001) Carboxypeptidases from A to z: implications in embryonic development and Wnt binding. *Cell Mol Life Sci*, 58, 1790-1804.

Richards, A.G. and Richards, P.A. (1977) The peritrophic membranes of insects. *Annu Rev Entomol*, 22, 219-240.

Riehle, M.A., Srinivasan, P., Moreira, C.K., Jacobs-Lorena, M. and Tabachnick, W.J. (2003) Towards genetic manipulation of wild mosquito populations to combat malaria: advances and challenges. *J Exp Biol*, 206, 3809-3816.

Robert, V. and Boudin, C. (2003) [Biology of man-mosquito *Plasmodium* transmission]. *Bull Soc Pathol Exot*, 96, 6-20.

Robert, V., Read, A.F., Essong, J., Tchuinkam, T., Mulder, B., Verhave, J.P. and Carnevale, P. (1996) Effect of gametocytes sex ratio on infectivity of *Plasmodium falciparum* to Anopheles gambiae. *Trans. R. Soc. Trop. Med. Hyg.*, 90, 621-624.

Rodhain, F. (1999) *Les maladies à vecteurs.* Presses universitaires de France, Paris.

Rodhain, F. and Perez, C. (1985) *Précis d'entomologie médicale et vétérinaire.* Maloine, Paris.

Roeffen, W., Mulder, B., Teelen, K., Bolmer, M., Eling, W., Targett, G.A., Beckers, P.J. and Sauerwein, R. (1996) Association between anti-Pfs48/45 reactivity and P. falciparum transmission-blocking activity in sera from Cameroon. *Parasite Immunol*, 18, 103-109.

Rosenberg, R., Koontz, L.C., Alston, K. and Friedman, F.K. (1984) *Plasmodium gallinaceun* : erythrocyte factor essential for zygote infection of *Aedes aegypti*. *Experimental Parasitology*, 57, 158-164.

Rudin, W., Billingsley, P.F. and Saladin, S. (1991) The fate of *Plasmodium gallinaceum* in *Anopheles stephensi* Liston and possible barriers to transmission. *Annales de la Société Belge de Medecine Tropicale*, 71, 167-177.

Rudin, W. and Hecker, H. (1989) Lectin-binding sites in the midgut of the mosquitoes *Anopheles stephensi* Liston and *Aedes aegypti* L. (Diptera: Culicidae). *Parasitology Research*, 75, 268-279.

- S -

Saul, A. (1993) Minimal efficacy requirements for malarial vaccines to significantly lower transmission in epidemic or seasonal malaria. *Acta Trop*, 52, 283-296.

Schatteman, K., Goossens, F., Leurs, J., Verkerk, R., Scharpe, S., Michiels, J.J. and Hendriks, D. (2001) Carboxypeptidase U at the interface between coagulation and fibrinolysis. *Clin Appl Thromb Hemost*, 7, 93-101.

Schmid, M.F. and Herriott, J.R. (1976) Structure of carboxypeptidase B at 2-8 A resolution. *J Mol Biol*, 103, 175-190.

Schneider, A., Wiesner, R.J. and Grieshaber, M.K. (1989) On the role of arginine kinase in insect flight muscle. *Insect Biochemistry*, 19, 471-480.

Shahabuddin, M. (1998) *Plasmodium* ookinete development in the mosquito midgut: a case of reciprocal manipulation. *Parasitology*, 116, S83-93.

Shahabuddin, M., Criscio, M. and Kaslow, D.C. (1995) Unique specificity of in vitro inhibition of mosquito midgut trypsin-like activity correlates with in vivo inhibition of malaria parasite infectivity. *Experimental Parasitology*, 80, 212-219.

Shahabuddin, M. and Kaslow, D.C. (1994) Plasmodium: Parasite chitinase and its role in malaria transmission. *Experimental Parasitology*, 79, 85-88.

Shahabuddin, M., Lemos, F.J.A., Kaslow, D.C. and Jacobslorena, M. (1996) Antibody-mediated inhibition of *Aedes aegypti* midgut trypsins blocks sporogonic development of *Plasmodium gallinaceum*. *Infection and Immunity*, 64, 739-743.

Shahabuddin, M., Toyoshima, T., Aikawa, M. and Kaslow, D.C. (1993) Transmission-Blocking Activity of a Chitinase Inhibitor and Activation of Malarial Parasite Chitinase by Mosquito Protease. *Proceedings of the National Academy of Sciences of the United States of America*, 90, 4266-4270.

Shao, L., Devenport, M., Jacobs-Lorena, M., Ramasamy, M.S., Srikrishnaraj, K.A., Hadjirin, N., Perera, S. and Ramasamy, R. (2001) The peritrophic matrix of hematophagous insects. *Arch Insect Biochem Physiol*, 47, 119-125.

Sharp, P.A. (2001) RNA interference--2001. *Journal of Biological Chemistry*, 276, 12317-12323.

Shen, Z., Edwards, M.J., Jacobs-Lorena, M., Elvin, C.M., Vuocolo, T., Pearson, R.D., East, I.J., Riding, G.A., Eisemann, C.H. and Tellam, R.L. (2000) A gut-specific serine protease from the malaria vector *Anopheles gambiae* is downregulated after blood ingestion. *Insect Mol Biol*, 9, 223-229.

Shen, Z. and Jacobs-Lorena, M. (1998) A type I peritrophic matrix protein from the malaria vector *Anopheles gambiae* binds to chitin. Cloning, expression, and characterization. *Journal of Biological Chemistry*, 273, 17665-17670.

Sherman, I.W. (1979) Biochemistry of Plasmodium (malarial parasites). *Microbiol Rev*, 43, 453-495.

Siden-Kiamos, I., Vlachou, D., Margos, G., Beetsma, A., Waters, A.P., Sinden, R.E. and Louis, C. (2000) Distinct roles for pbs21 and pbs25 in the in vitro ookinete to oocyst transformation of *Plasmodium berghei*. *J Cell Sci*, 113 Pt 19, 3419-3426.

Sidjanski, S.P., Vanderberg, J.P., Sinnis, P. and Crisanti, A. (1997) *Anopheles stephensi* salivary glands bear receptors for region I of the circumsporozoite protein of *Plasmodium falciparum*. *Mol Biochem Parasitol*, 90, 33-41.

Sieber, K.P., Huber, M., Kaslow, D., Banks, S.M., Torii, M., Aikawa, M. and Miller, L.H. (1991) The peritrophic membrane as a barrier: its penetration by *Plasmodium gallinaceum* and the effect of a monoclonal antibody to ookinetes. *Exp Parasitol*, 72, 145-156.

Sinden, R.E. and Croll, N.A. (1975) Cytology and kinetics of microgametogenesis and fertilization in *Plasmodium yoelii nigeriensis*. *Parasitology*, 70, 53-65.

Skidgel, R.A. (1996) Structure and fonction of mammalian zinc carboxypeptidases. In Francis, T.a. (ed.), *Zinc metalloproteases in health and disease*, pp. 241-309.

Smalley, M.E., Abdalla, S. and Brown, J. (1981a) The distribution of *Plasmodium falciparum* in the peripheral blood and bone marrow of Gambian children. *Transactions of the Royal Society of Tropical Medicine and Hygiene*, 75, 103-105.

Soderhall, K. and Cerenius, L. (1998) Role of the prophenoloxidase-activating system in invertebrate immunity. *Curr Opin Immunol*, 10, 23-28.

Song, L. and Fricker, L.D. (1995) Purification and characterization of carboxypeptidase D, a novel carboxypeptidase E-like enzyme, from bovine pituitary. *J Biol Chem*, 270, 25007-25013.

Srikrishnaraj, A.K., Ramasamy, R. and Ramasamy, M.S. (1995) Antibodies to Anopheles midgut reduce vector competence for Plasmodium vivax malaria. *Medical and Veterinary Entomology*, 9, 353-357.

Srinivasan, P., Abraham, E.G., Ghosh, A.K., Valenzuela, J., Ribeiro, J.M., Dimopoulos, G., Kafatos, F.C., Adams, J.H., Fujioka, H. and Jacobs-Lorena, M. (2004) Analysis of the Plasmodium and Anopheles transcriptomes during oocyst differentiation. *J Biol Chem*, 279, 5581-5587.

Sultan, A.A., Thathy, V., Frevert, U., Robson, K.J., Crisanti, A., Nussenzweig, V., Nussenzweig, R.S. and Menard, R. (1997) TRAP is necessary for gliding motility and infectivity of *Plasmodium* sporozoites. *Cell*, 90, 511-522.

- T -

Tahar, R., Boudin, C., Thiery, I. and Bourgouin, C. (2002) Immune response of Anopheles gambiae to the early sporogonic stages of the human malaria parasite *Plasmodium falciparum*. *Embo J.*, 21, 6673-6680.

Tan, A.K. and Eaton, D.L. (1995) Activation and characterization of procarboxypeptidase B from human plasma. *Biochemistry*, 34, 5811-5816.

Targett, G.A.T. (1990) Immunity to sexual stages of human malaria parasites: immune modulation during natural infections, antigenic determinants, and the induction of transmission-blocking immunity. *Scan. J. Infect. Dis.*, 76 (suppl.), 79-88.

Tellam, R.L., Wijffels, G., Willadsen, P., Elvin, C.M., Vuocolo, T., Pearson, R.D., East, I.J., Riding, G.A. and Eisemann, C.H. (1999) Peritrophic matrix proteins. *Insect Biochem Mol Biol*, 29, 87-101.

Templeton, T.J. and Kaslow, D.C. (1999) Identification of additional members define a *Plasmodium falciparum* gene superfamily which includes Pfs48/45 and Pfs230. *Mol Biochem Parasitol*, 101, 223-227.

Templeton, T.J., Kaslow, D.C. and Fidock, D.A. (2000) Developmental arrest of the human malaria parasite *Plasmodium falciparum* within the mosquito midgut via CTRP gene disruption. *Mol Microbiol*, 36, 1-9.

Tijsterman, M., Plasterk, R.H., Fire, A., Xu, S., Montgomery, M.K., Kostas, S.A., Driver, S.E. and Mello, C.C. (2004) Dicers at RISC; the mechanism of RNAi. *Cell*, 117, 1-3.

Titani, K., Ericsson, L.H., Walsh, K.A. and Neurath, H. (1975) Amino-acid sequence of bovine carboxypeptidase B. *Proceedings of the National Academy of Sciences of the United States of America*, 72, 1666-1670.

Tomas, A.M., Margos, G., Dimopoulos, G., van Lin, L.H., de Koning-Ward, T.F., Sinha, R., Lupetti, P., Beetsma, A.L., Rodriguez, M.C., Karras, M., Hager, A., Mendoza, J., Butcher, G.A., Kafatos, F., Janse, C.J., Waters, A.P. and Sinden, R.E. (2001) P25 and P28 proteins of the malaria ookinete surface have multiple and partially redundant functions. *Embo J*, 20, 3975-3983.

Torii, M., Aikawa, M. and Miller, L.H. (1992a) Intracellular migration of *Plasmodium gallinaceum* ookinetes through *Aedes aegypti* midguts. *Japanese Journal of Tropical Medicine and Hygiene*, 20, 77.

Torii, M., Nakamura, K.-I., Sieber, K.P., Miller, L.H. and Aikawa, M. (1992b) Penetration of the mosquito (*Aedes aegypti*) midgut wall by the ookinetes of *Plasmodium gallinaceum*. *Journal of Protozoology*, 39, 449-454.

Torii, M., Sieber, K.P., Miller, L.H. and Aikawa, M. (1990) *Plasmodium gallinaceum* ookinetes migrate through mosquito midguts by both intra- and intercellular routes. In Doby, J.M. (ed.), *VII international congress of parasitology*. Société Française de Parasitologie, Paris, France, Vol. 1, p. 143.

Trape, J.F., Pison, G., Spiegel, A., Enel, C. and Rogier, C. (2002) Combating malaria in Africa. *Trends Parasitol*, 18, 224-230.

Trape, J.F. and Rogier, C. (1996) Combating malaria morbidity and mortality by reducing transmission. *Parasitol Today*, 12, 236-240.

Tsai, Y.L., Hayward, R.E., Langer, R.C., Fidock, D.A. and Vinetz, J.M. (2001) Disruption of *Plasmodium falciparum* Chitinase Markedly Impairs Parasite Invasion of Mosquito Midgut. *Infect Immun*, 69, 4048-4054.

Tsuboi, T., Cao, Y.M., Hitsumoto, Y., Yanagi, T., Kanbara, H. and Torii, M. (1997) Two antigens on zygotes and ookinetes of *Plasmodium yoelii* and *Plasmodium berghei* that are distinct targets of transmission-blocking immunity. *Infection & Immunity*, 65, 2260-2264.

Tsuboi, T., Kaneko, O., Eitoku, C., Suwanabun, N., Sattabongkot, J., Vinetz, J.M. and Torii, M. (2003) Gene structure and ookinete expression of the chitinase genes of Plasmodium vivax and Plasmodium yoelii. *Mol Biochem Parasitol*, 130, 51-54.

Tsuboi, T., Kaslow, D.C., Gozar, M.M., Tachibana, M., Cao, Y.M. and Torii, M. (1998) Sequence polymorphism in two novel Plasmodium vivax ookinete surface proteins, Pvs25 and Pvs28, that are malaria transmission-blocking vaccine candidates. *Molecular Medicine*, 4, 772-782.

Turelli, M. and Hoffmann, A.A. (1999) Microbe-induced cytoplasmic incompatibility as a mechanism for introducing transgenes into arthropod populations. *Insect Mol Biol*, 8, 243-255.

Tzou, P., De Gregorio, E. and Lemaitre, B. (2002) How Drosophila combats microbial infection: a model to study innate immunity and host-pathogen interactions. *Curr Opin Microbiol*, 5, 102-110.

- V -

van Dijk, M.R., Janse, C.J., Thompson, J., Waters, A.P., Braks, J.A., Dodemont, H.J., Stunnenberg, H.G., van Gemert, G.J., Sauerwein, R.W. and Eling, W. (2001) A central role for P48/45 in malaria parasite male gamete fertility. *Cell*, 104, 153-164.

Vander Jagt, D.L., Baack, B.R. and Hunsaker, L.A. (1984) Purification and characterization of an aminopeptidase from *Plasmodium falciparum*. *Mol Biochem Parasitol*, 10, 45-54.

Vaughan, J.A., Noden, B.H. and Beier, J.C. (1992) Population dynamics of *Plasmodium falciparum* sporogony in laboratory- infected *Anopheles gambiae*. *J Parasitol*, 78, 716-724.

Vaughan, J.A., Noden, B.H. and Beier, J.C. (1994) Sporogonic development of cultured *Plasmodium falciparum* in six species of laboratory-reared *Anopheles* mosquitoes. *American Journal of Tropical Medicine and Hygiene*, 51, 233-243.

Vermeulen, A.N., Ponnudurai, T., Beckers, P.G.A., Verhave, J.P., Smits, M.A. and Meuwissen, J.H.E.T. (1985) Sequential expression of antigens on sexual stages of *Plasmodium falciparum* accessible to transmission blocking antibodies in the mosquito. *J. Exp. Med.*, 162, 1460-1476.

Villalon, J.M., Ghosh, A., Jacobs-Lorena, M., Elvin, C.M., Vuocolo, T., Pearson, R.D., East, I.J., Riding, G.A., Eisemann, C.H. and Tellam, R.L. (2003) The peritrophic matrix limits the rate of digestion in adult *Anopheles stephensi* and *Aedes aegypti* mosquitoes. *J Insect Physiol*, 49, 891-895.

Vinetz, J.M., Dave, S.K., Specht, C.A., Brameld, K.A., Xu, B., Hayward, R. and Fidock, D.A. (1999) The chitinase PfCHT1 from the human malaria parasite *Plasmodium falciparum* lacks proenzyme and chitin-binding domains and displays unique substrate preferences. *Proc Natl Acad Sci U S A*, 96, 14061-14066.

Vinetz, J.M., Valenzuela, J.G., Specht, C.A., Aravind, L., Langer, R.C., Ribeiro, J.M. and Kaslow, D.C. (2000)

Chitinases of the avian malaria parasite *Plasmodium gallinaceum*, a class of enzymes necessary for parasite invasion of the mosquito midgut. *J Biol Chem*, 275, 10331-10341.

Visek, W.J. (1986) Arginine needs, physiological state and usual diets. A reevaluation. *J Nutr*, 116, 36-46.

Vizioli, J., Bulet, P., Hoffmann, J.A., Kafatos, F.C., Muller, H.M. and Dimopoulos, G. (2001b) Gambicin: a novel immune responsive antimicrobial peptide from the malaria vector *Anopheles gambiae*. *Proc Natl Acad Sci U S A*, 98, 12630-12635.

Vizioli, J., Catteruccia, F., della Torre, A., Reckmann, I. and Muller, H.M. (2001a) Blood digestion in the malaria mosquito *Anopheles gambiae*: molecular cloning and biochemical characterization of two inducible chymotrypsins. *Eur J Biochem*, 268, 4027-4035.

Vlachou, D., Lycett, G., Siden-Kiamos, I., Blass, C., Sinden, R.E. and Louis, C. (2001) *Anopheles gambiae* laminin interacts with the P25 surface protein of *Plasmodium berghei* ookinetes. *Mol Biochem Parasitol*, 112, 229-237.

Vlachou, D., Zimmermann, T., Cantera, R., Janse, C.J., Waters, A.P. and Kafatos, F.C. (2004) Real-time, in vivo analysis of malaria ookinete locomotion and mosquito midgut invasion. *Cell Microbiol*, 6, 671-685.

- W -

Waldschmidt-Leitz, E. and Purr, A. (1929) Uber proteinase and carboxypolypeptidase aus pankreas. *Berichte*, 62B, 956-962.

Waldschmidt-Leitz, E., Ziegler, F., Schäffner, A. and Weil, L. (1931) Über die struktur der protamine. I. Protaminase und die produkte ihrer einwirkung auf clupein und salmin. *Z. Physiol. Chem.*, 197, 219-236.

Ward, C.W. (1976) Properties of the major carboxypeptidase in the larvae of the webbing clothes moth, Tineola bisselliella. *Biochim Biophys Acta*, 429, 564-572.

Wei, S., Segura, S., Vendrell, J., Aviles, F.X., Lanoue, E., Day, R., Feng, Y. and Fricker, L.D. (2002) Identification and characterization of three members of the human metallocarboxypeptidase gene family. *J Biol Chem*, 277, 14954-14964.

Wengelnik, K., Spaccapelo, R., Naitza, S., Robson, K.J., Janse, C.J., Bistoni, F., Waters, A.P. and Crisanti, A. (1999) The A-domain and the thrombospondin-related motif of *Plasmodium falciparum* TRAP are implicated in the invasion process of mosquito salivary glands. *Embo J*, 18, 5195-5204.

Wilkins, S. and Billingsley, P.F. (2001) Partial characterization of oligosaccharides expressed on midgut microvillar glycoproteins of the mosquito,

Anopheles stephensi Liston. *Insect Biochemistry & Molecular Biology*, 31, 937-948.

Williamson, K.C. (2003) Pfs230: from malaria transmission-blocking vaccine candidate toward function. *Parasite Immunol*, 25, 351-359.

Williamson, K.C., Criscio, M.D. and Kaslow, D.C. (1993) Cloning and Expression of the Gene for *Plasmodium falciparum* Transmission-Blocking Target Antigen, Pfs230 - Short Communication. *Molecular and Biochemical Parasitology*, 58, 355-358.

Wizel, B. and Kumar, N. (1991) Identification of a continuous and cross-reacting epitope for *Plasmodium falciparum* transmission blocking immunity. *Proceedings of the National Academy of Sciences of the United States of America*, 88, 9533-9537.

Wu, G. and Morris, S.M., Jr. (1998) Arginine metabolism: nitric oxide and beyond. *Biochem J*, 336 (Pt 1), 1-17.

- X Y Z -

Xu, W.Y., Huang, F.S. and Duan, J.H. (2003) [The internal control role of ribosomal protein S7 in the defense of Anopheles dirus against Plasmodium infection]. *Zhongguo Ji Sheng Chong Xue Yu Ji Sheng Chong Bing Za Zhi*, 21, 264-267.

Yan, J., Cheng, Q., Li, C.-B. and Aksoy, S. (2002) Molecular characterization of three gut genes from *Glossina morsitans morsitans*: cathepsin B, zinc-metalloprotease and zinc-carboxypeptidase. *Insect Mol Biol*, 11, 57-65.

Yoshida, S., Ioka, D., Matsuoka, H., Endo, H. and Ishii, A. (2001) Bacteria expressing single-chain immunotoxin inhibit malaria parasite development in mosquitoes. *Mol Biochem Parasitol*, 113, 89-96.

Yuda, M., Sakaida, H. and Chinzei, Y. (1999) Targeted disruption of the *Plasmodium berghei* CTRP gene reveals its essential role in malaria infection of the vector mosquito. *J Exp Med*, 190, 1711-1716.

Zheng, L., Wang, S., Romans, P., Zhao, H., Luna, C. and Benedict, M.Q. (2003) Quantitative trait loci in *Anopheles gambiae* controlling the encapsulation response against Plasmodium cynomolgi Ceylon. *BMC Genet*, 4, 16.

Zheng, L.B., Cornel, A.J., Wang, R., Erfle, H., Voss, H., Ansorge, W., Kafatos, F.C. and Collins, F.H. (1997) Quantitative trait loci for refractoriness of *Anopheles gambiae* to *Plasmodium cynomolgi* B. *Science*, 276, 425-458.

Zieler, H. and Dvorak, J.A. (2000a) Invasion in vitro of mosquito midgut cells by the malaria parasite proceeds by a conserved mechanism and results in death of the invaded midgut cells [In Process Citation]. *Proc Natl Acad Sci USA*, 97, 11516-11521.

Zieler, H., Garon, C.F., Fischer, E.R. and Shahabuddin, M. (1998) Adhesion of *Plasmodium gallinaceum* ookinetes to the *Aedes aegypti* midgut: sites of parasite attachment and morphological changes in the ookinete. *Journal of Eukaryotic Microbiology*, 45, 512-520.

Zieler, H., Garon, C.F., Fischer, E.R. and Shahabuddin, M. (2000b) A tubular network associated with the brush-border surface of the *Aedes aegypti* midgut: implications for pathogen transmission by mosquitoes. *J Exp Biol*, 203 Pt 10, 1599-1611.

Zieler, H., Nawrocki, J.P. and Shahabuddin, M. (1999) *Plasmodium gallinaceum* ookinetes adhere specifically to the midgut epithelium of *Aedes aegypti* by interaction with a carbohydrate ligand. *Journal of Experimental Biology*, 202, 485-495.

www.ingramcontent.com/pod-product-compliance
Lightning Source LLC
Chambersburg PA
CBHW021055210326
41598CB00016B/1220